W0047778

Checkbuch für Führungskräfte

Dr. Reinhold Haller

Inhalt

Vorwort

Die Aufgaben und Ziele, denen Sie als neue, aber auch als erfahrene Führungskraft gegenüberstehen, sind vielfältig: neue Projekte beginnen, die Routineaufgaben effizient steuern, dabei die Ziele nicht aus den Augen verlieren und dennoch mit Sensibilität und Klarheit die Mitarbeiter führen. Das ist nicht einfach und leicht kann einem der rote Faden abhanden kommen.

So werden auch ständig neue, Erfolg versprechende Methoden und Techniken, neue Moden und Trends für Führungskräfte geboten. Doch wer überschaut diese Werkzeuge? Und was eignet sich wirklich für die Praxis?

Hier schafft dieser TaschenGuide Klarheit. Er stellt Ihnen die wichtigsten Kernthemen vor und Sie erhalten zugleich eine Toolbox voller praxiserprobter Werkzeuge: Checklisten, Tests für Sie und Ihre Mitarbeiter, Leitfäden für wichtige Mitarbeitergespräche. Eine vollständige Übersicht aller Werkzeuge finden Sie auf Seite 123. Zudem werden spannende Erkenntnisse der Organisationspsychologie, die jede Führungskraft kennen sollte, in ihrer Bedeutung für die Praxis dargestellt.

Kurzum: Sie erhalten komplexes Führungswissen so gebündelt, dass Sie mit dessen Hilfe sich selbst und Ihre Mitarbeiter im Team zum Erfolg führen können.

Dr. Reinhold Haller

Welche Kompetenzen brauchen Sie?

Worauf kommt es an? Welche Kompetenzen müssen Sie als Führungskraft mitbringen und im Job weiterentwickeln?

In diesem Kapitel lesen Sie,

- welche Fähigkeiten eine gute Führungskraft in den Augen von Vorgesetzten auszeichnen (S. 6),
- was Ihre Mitarbeiter von Ihnen erwarten und (S. 11),
- wie Sie Ihr Können überprüfen (S. 14).

Was Vorgesetzte von Ihnen erwarten

Die Erwartung Ihrer Vorgesetzten lässt sich auf eine einfache Formel bringen: Diese wollen, dass Sie als Führungskraft nachhaltig erfolgreich sind. Doch wie wird man eine erfolgreiche Führungskraft?

Eine Antwort auf diese Frage versuchten die beiden amerikanischen Wirtschaftswissenschaftler Warren Bennis und Burt Nanus in einer Untersuchung aus den 60er Jahren des vergangenen Jahrhunderts zu geben. Dass sie nicht ein theoretisches Ideal entwirft, sondern die Antworten aus der Praxis heraus gibt, macht diese Untersuchung bis heute relevant.

Was eine gute Führungskraft ausmacht

Warren Bennis und Burt Nanus hatten 80 erfolgreiche Führungskräfte aus verschiedensten Bereichen (vom Unternehmer über den Chefarzt bis zum Dirigenten) und ebenso deren Mitarbeiter interviewt und gefragt, mit welchen Verhaltensweisen oder Einstellungen sie sich selbst ihren Führungserfolg erklären würden.

Das Ergebnis der Untersuchung überraschte die Forscher selbst: Denn die befragten Führungskräfte waren sehr unterschiedlich in ihrem Kommunikationsverhalten, ihrer Wirkung nach außen und einzelnen Verhaltensmustern. Doch in vier Punkten zeigte sich im Verhalten Übereinstimmung. Ihnen allen war es gelungen:

- mit einer Vision Aufmerksamkeit zu erzielen,

- Identifikation zu vermitteln durch Kommunikation,

- eine eigene Position einzunehmen und damit Vertrauen zu erwerben,

- sich selbst und anderen die Entfaltung der Persönlichkeit zu ermöglichen.

Nun werden Sie selbst bereits erkannt haben, dass man diese vier Verhaltensweisen, nicht als einfaches Erfolgsrezept auffassen darf. Auch Burt und Nannis hatten immer wieder darauf verwiesen, dass man mit einem weiteren Faktor rechnen muss, nämlich der Zeit bzw. genauer gesagt, der Ausdauer: Wenn Sie Ihre Vision bekannt machen, wird Ihnen vermutlich zunächst niemand zuhören. Wenn Sie mit Neuem kommen, werden Ihnen wahrscheinlich viele mit Ablehnung begegnen. Wenn Sie Vertrauen erwerben wollen, müssen Sie Ihre Position langfristig vertreten. Und wenn Sie Ihren Mitarbeitern Entfaltungsmöglichkeiten bieten wollen, benötigen Sie nicht nur Raum, sondern auch Zeit und Ausdauer, um das zu erreichen, was Sie anstreben.

Drei Basis-Kompetenzen

Was Ihre Vorgesetzten von Ihnen erwarten, möchte ich in der Folge aus Ihren drei Kernaufgaben entwickeln: Als Führungskraft haben Sie strategische und operative Aufgaben und Sie müssen dafür Sorge tragen, dass diese auch dauerhaft umgesetzt werden. Die drei Basis-Kompetenzen erschließen sich direkt aus diesen drei Kernaufgaben: Sie benötigen strategische, operative und nachhaltende Kompetenzen.

- **Strategische Kompetenz:** Sie können die aktuelle Situation analysieren und daraus Ziele für Ihren Verantwortungsbereich definieren. Sie können diese Ziele Ihren Mitarbeitern kommunizieren und sie davon überzeugen, dass es die richtigen Ziele und Visionen sind.

- **Operative Kompetenz:** Sie können sich bei Ihren Mitarbeitern im Tagesgeschäft Akzeptanz verschaffen und sie dazu motivieren ihr Verhalten so auszurichten, dass gemeinsame Ziele erreicht werden. Sie können die Wege zu den Zielen in einen Plan umsetzen und diesen organisieren.

- **Nachhaltende Kompetenz:** Sie haben die Überzeugungskraft, auch solche Mitarbeiter zu zielorientiertem Verhalten anzuregen, die zunächst keine Einsicht, Bereitschaft, Akzeptanz und Motivation zeigen. Sie können unliebsame Entscheidungen im Zweifelsfall auch gegen Widerstand durchsetzen.

Die folgende Checkliste ist für die rasche Orientierung im betrieblichen Alltag sehr hilfreich. Sie geht von drei Kernaufgaben einer Führungskraft aus: motivieren, steuern, gestalten. Sie ordnet diesen Aufgaben die Kompetenzen zu, die eine Führungskraft haben und entwickeln sollte, und beschreibt zentrale Handlungen, in denen die Aufgaben umgesetzt werden.

Checkliste: Kompetenzen und Verhaltensweisen

Prozess	Kompetenz	Handlung
motivieren	Vision und Ziele herausarbeiten	• Mitarbeiter in Zielfindung und Entscheidungen einbeziehen • mit Mitarbeitern Ziele vereinbaren • Zielerreichung verfolgen
	informieren	• offensiv berichten über Sachverhalte, Rahmenbedingungen, Entwicklungen, Erfolge
	kommunizieren	• darstellen, warum das Ziel erreicht werden soll • Wertschätzung zeigen
steuern	situativ führen	• je nach Situation und Mitarbeiter differenzierte Führungsstile anwenden: z. B. anweisen, überzeugen, partizipieren, delegieren
	Ich-Stärke zeigen	• notfalls unliebsame Entscheidungen nachhaltig umzusetzen
	bilanzieren	• Diagnose der aktuellen Lage • Ziele messbar machen durch Controlling

gestalten	eigene Einstellungen kritisch reflektieren	• sich beraten lassen (auch von eigenen Mitarbeitern) • andere Sichtweisen tolerieren • kritikfähig sein und bleiben
	den Weg (zum Ziel) bereiten	• Werkzeuge zur effizienten Problem- und Konfliktlösung anwenden • Wandel gestalten, Change-management beherrschen
	Personal entwickeln	• richtiges Personal auswählen • Personal einarbeiten, fördern und entwickeln

Entwickeln Sie sich weiter!

Führung bedeutet ein ausgewogenes Verhalten, das beinhaltet, Prozesse zu steuern, zu gestalten, zu motivieren und sich sowohl an den zu erreichenden Unternehmenszielen als auch an den Belangen der Mitarbeiter orientiert. Diese Fähigkeit können Sie für sich weiterentwickeln, indem Sie sich selbst in diesen Tätigkeiten ebenso selbstbewusst wie selbstkritisch sehen. Denken Sie daran: Nobody is perfect! Nutzen Sie deshalb auch kritische Erkenntnisse dazu, Ihre Potenziale als Führungskraft zu erkennen und zu optimieren.

Was Mitarbeiter erwarten

Soll eine Führungskraft die Erwartungen und Bedürfnisse der Mitarbeiter und Mitarbeiterinnen überhaupt berücksichtigen? Oder ist sie allein den unternehmerischen Zielen verpflichtet? Die eine Seite sagt „Mitarbeiter sind nicht Mittelpunkt, sondern Mittel." Die andere Seite betont, dass Unternehmen nichts wären ohne ihre Mitarbeiter. Die beiden amerikanischen Wirtschaftswissenschaftler Robert Blake und Jane Mouton haben zu diesem Konflikt ein Modell erstellt, das beide Perspektiven miteinander verbindet.

Ziel- und Mitarbeiterorientierung gehören zusammen

Blake und Mouton gingen davon aus, dass sich Mitarbeiterorientierung und die Orientierung an den Unternehmenszielen keineswegs ausschließen, sondern bedingen. Nur in der Verbindung von beidem kann sich ein Unternehmen optimal entwickeln. In der Grafik auf der nächsten Seite finden Sie dies durch das rote Quadrat dargestellt: Auf einem guten Weg ist Ihr Unternehmen ab Feld 5.5; die optimale Verbindung von Orientierung an den Menschen und an den Zielen ist das Feld 9.9.

Doch auch Mitarbeiter, die ihrerseits etwas erreichen wollen, erwarten keinen ausschließlich lieben oder kuscheligen Vorgesetzten, der sich nur an den Befindlichkeiten seiner Mitarbeiter orientiert (Feld 1.9). Ebenso wenig wollen sie einen Chef, der zur Erreichung seiner Ziele über Leichen geht (Feld

9.1). Sie wollen schlicht als mündige Menschen, informiert, gehört, beteiligt, gefordert und gefördert werden.

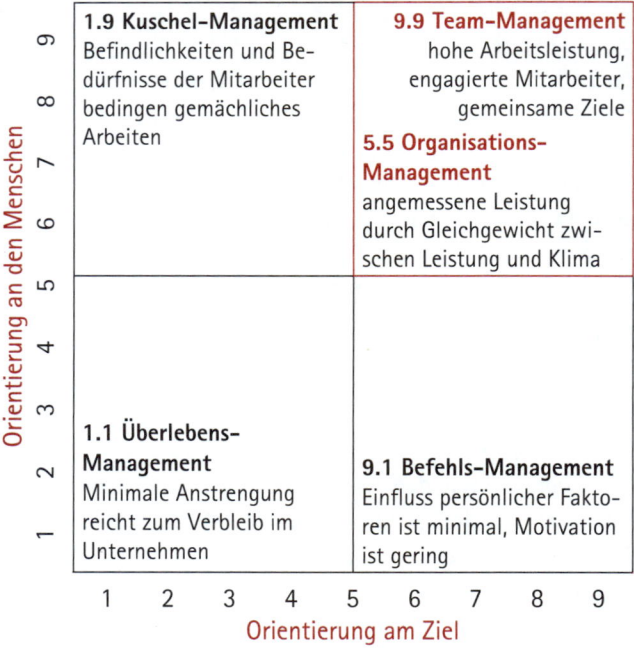

Das Verhaltensgitter (Managerial Grid) nach Blake/Mouton

Checkliste: Bedürfnisse der Mitarbeiter

Mitarbeiter informieren und orientieren

Informieren Sie Ihre Mitarbeiter über Ziele, Strategien Pläne und Entwicklungen im Unternehmen?

Sind Mitarbeiterziele so formuliert, dass sie erreichbar sind? Sind die Erfolgskriterien klar benannt?

Setzen Sie bei den Zielen Ihrer Mitarbeiter Prioritäten, so dass diese ihre Kräfte bündeln können?

Begründen und erklären Sie Entscheidungen?

Definieren Sie Werte und Regeln und tragen für deren Einhaltung Sorge? Halten Sie sich selbst auch an diese Regeln?

Mitarbeiter einbeziehen und beteiligen

Können Sie Aufgaben delegieren und lassen Sie Ihren Mitarbeitern Freiraum bei der Umsetzung?

Beziehen Sie Mitarbeiter bei arbeitsplatzrelevanten Entscheidungen mit ein?

Lassen Sie Ihren Mitarbeitern generell Freiräume?

Sich souverän zeigen und Probleme lösen

Können Sie sich durchsetzen – nach oben und nach unten?

Können Sie „intelligente" Fehler tolerieren und als Lernfaktor zulassen?

Geben Sie konstruktives Feedback, das Wertschätzung und Kritik verbindet?

Erkennen Sie den Erfolg von Mitarbeitern an?

Mitarbeiter fordern und fördern

Behandeln Sie Mitarbeiter gleich durch möglichst gerechte Arbeitsverteilung?

Fördern Sie Ihre Mitarbeiter und tragen Sie zu deren Entwicklung durch höherwertige Aufgaben und Weiterbildung bei?

Fordern Sie Leistung auch bei schwierigeren Mitarbeitern ein?

Mitarbeiter respektieren und wertschätzen

Sind Sie offen für wichtige persönliche Belange der Mitarbeiter, die Auswirkungen auf ihre Tätigkeit haben?

Erkennen Sie Konflikte und können Sie diese lösen?

Geben Sie Ihren Mitarbeitern Rückendeckung?

Sind Sie eine gute Führungskraft?

Überprüfen Sie mit dem folgenden Test, wie differenziert und stark Ihre Führungskompetenzen ausgeprägt sind. Der Test orientiert sich an den Kriterien, die das Beratungsunternehmen Heidrick und Struggels als Maßstab bei der Personalauswahl anlegt.

Führungskompetenzen

So gehen Sie vor

Gehen Sie die einzelnen Führungskompetenzen im folgenden Test Schritt für Schritt durch und markieren Sie diejenigen, die Ihnen für Ihre Position und Aufgabe wichtig erscheinen. In einem zweiten Durchgang stufen Sie sich in Bezug auf die markierten Führungskompetenzen selbst ein auf der Skala von 1 bis 3. Stufe 1 bedeutet „gering ausgeprägt", Stufe 3 „stark ausgeprägt". Prüfen Sie dann sowohl bei den gering als auch bei den stärker ausgeprägten Kompetenzen, welche Sie stärker entwickeln und sich dazu fortbilden wollen.

Test: Ihre Führungskompetenzen

Außenorientierung: Entwicklungen und Trends des Marktes systematisch beobachten und Impulse an den Auftraggeber geben	①	②	③
Innenorientierung: die eigene Organisation bzw. Entscheidungsträger systematisch beobachten sowie Impulse in die eigene Organisation geben	①	②	③
Kundenorientierung: Interessen, Bedürfnisse und Trends der Kunden systematisch beobachten sowie Impulse für relevante Produkte/Prozesse geben	①	②	③
Best-Practice-Orientierung: eigene Prozesse/Produkte anhand von Kennzahlen und Vergleich mit Mitbewerbern beständig optimieren	①	②	③

Innovationsfähigkeit: Strukturen und Prozesse neu denken und den Verantwortungsbereich neu gestalten	①	②	③
Zielorientierung: Visionen und Ziele prägnant, nachvollziehbar (messbar) formulieren und verständlich erklären	①	②	③
Begeisterungsfähigkeit: Mitarbeiter, Kollegen oder Vorgesetzte von den eigenen Visionen und Ziele überzeugen	①	②	③
Mitteilungsfähigkeit: sich in verschiedenen Situationen verständlich machen und sachliche sowie emotionale Inhalte transportieren	①	②	③
Reflexionsvermögen: das eigene Führungsverhalten sowie dessen Wirkung auf die Umwelt (er-)kennen	①	②	③
Beziehungspflege: langfristig angelegte Kontakte (auch) ohne unmittelbaren Zweck aufbauen und pflegen	①	②	③
Delegationsfähigkeit: Talente, Motivation und Kompetenz der Mitarbeiter/-innen einschätzen und Aufgaben bzw. Mittel übertragen bzw. bereitstellen	①	②	③
Mitarbeiterentwicklung: das persönliche Leistungspotenzial der Mitarbeiter/-innen erkennen, fördern und aktivieren	①	②	③

Teamführung: eine Gruppe so zusammenführen, dass deren Ergebnis mehr als der Summe aller Einzelleistungen entspricht	①	②	③
Selbststärke: emotionale Belastbarkeit/Autonomie, insbesondere in Krisensituationen sowie die Fähigkeit, eine kontroverse Position einzunehmen	①	②	③

Ihr Führungsverhalten

Nutzen Sie den folgenden Test, um Ihr tatsächliches Führungsverhalten in wichtigen Punkten zu überprüfen. Anhand dieser Selbsteinschätzung können Sie erkennen, welche Verhaltensweisen, die Sie bisher seltener umsetzen als gewünscht, Sie zukünftig konsequent stärken wollen.

So gehen Sie vor

Gehen Sie die einzelnen Aussagen durch und schätzen Sie selbst ein, wie ausgeprägt bei Ihnen das jeweilige Führungsverhalten ist. Wie beim vorherigen Test, steht Ihnen zur Einschätzung eine Skala von 1 bis 3 zur Verfügung. 1 bedeutet, „selten", 3 hingegen „häufig".

Sie können aber auch mit diesem Test Ihre Mitarbeiter um Feedback bitten. Gehen Sie dazu (z. B. im Mitarbeitergespräch) die einzelnen Punkte durch. Oder erstellen Sie eine Liste, die Sie an Ihre Mitarbeiter aushändigen. Dazu ist es jedoch notwendig, die Fragen umzuformulieren. Aus der Formulierung „Ich erläutere meinen Mitarbeitern (neue) Aufgaben im Gesamtzusammenhang und gebe notwendige Hintergrundinformationen." wird aus der Sicht Ihrer Mitarbeiter: „Mein Vorgesetzter erläutert mir (neue) Aufgaben im Gesamtzusammenhang und gibt mir notwendige Hintergrundinformationen."

Das Feedback ist für Sie informativer, wenn Sie Ihren Mitarbeitern ermöglichen, ihre Meinung anonym zu äußern.

Test: Ihr Führungsverhalten

Mitarbeiter informieren und orientieren			
Ich erläutere meinen Mitarbeitern (neue) Aufgaben im Gesamtzusammenhang und gebe notwendige Hintergrundinformationen.	①	②	③
Ich mache meinen Mitarbeitern deutlich, worauf es mir ankommt. Sie kennen meine Vision und meine Ziele sowie meine Strategie-, Prozess- und Struktur-Wünsche.	①	②	③
Ich sorge dafür, dass meine Mitarbeiter rechtzeitig über für sie wichtige Angelegenheiten informiert werden.	①	②	③
Ich drücke mich bezüglich meiner Erwartungen an die Mitarbeiter klar und verständlich aus.	①	②	③

Mitarbeiter einbeziehen und beteiligen

Ich lasse meine Mitarbeiter ihre Aufgaben nach deren eigenen Vorstellungen durchführen. Sie können im Rahmen verbindlicher Ziele eigene Wege gehen. ① ② ③

Ich übertrage meinen Mitarbeitern höherwertige Aufgaben, damit sie sich weiterqualifizieren können. ① ② ③

Ich ziehe Mitarbeiter bei übergreifenden Entscheidungen hinzu, wenn sie wertvolle Erkenntnisse beisteuern können. ① ② ③

Ich kann gut delegieren und bei der Aufgabenvergabe loslassen. ① ② ③

Mitarbeiter fordern und fördern

Ich bespreche mit meinen Mitarbeitern, wie ihre Fähigkeiten und Kenntnisse gefördert und entwickelt werden können. ① ② ③

Ich unterstütze leistungsschwächere Mitarbeiter dabei, mehr Selbstsicherheit und Selbstständigkeit zu erlangen. ① ② ③

Mitarbeiter respektieren und wertschätzen

Ich teile meinen Mitarbeitern mit, wie zufrieden ich mit ihren Leistungen bin. ① ② ③

Ich setze mich ernsthaft mit entgegengesetzten Ansichten und Interessen meiner Mitarbeiter auseinander.	①	②	③
Ich bin bei weniger leistungsbereiten Mitarbeitern in der Lage und bereit, konkrete Leistungen einzufordern (gegebenenfalls mit Ankündigung von Konsequenzen).	①	②	③

Die Situation richtig einschätzen und informiert sein

Ich kenne die Bedürfnisse, Wünsche und Erwartungen meiner Mitarbeiter.	①	②	③
Ich bin ansprechbar für persönliche Anliegen meiner Mitarbeiter.	①	②	③
Ich verlange Feedback und Anregungen von meinen Mitarbeitern.	①	②	③
Ich kann Kritik vertragen und gebe eigene Fehler zu.	①	②	③

Sich souverän zeigen und Probleme lösen

Ich ändere meine Meinung, wenn meine Mitarbeiter die besseren Argumente haben.	①	②	③
Ich führe in Diskussionen die Meinungen der Beteiligten zusammen, um möglichst einen gemeinsamen Nenner zu erreichen. So gelingt es mir, unser Team zusammenzuhalten.	①	②	③
Mir gelingt es, im Team Konflikte und Probleme zu lösen.	①	②	③

Ihre Führungsaufgaben

Als Führungskraft wird selbstverständlich viel von Ihnen erwartet. Doch letztlich gibt es nur wenige Aufgaben, die wirklich zentral sind für Ihren Erfolg als Führungskraft.

In diesem Kapitel lesen Sie,

- wie Sie Ihre Mitarbeiter je nach Situation richtig führen und worauf Sie dabei achten müssen (S. 22),
- warum es so schwer ist, Mitarbeiter zu motivieren und wie Sie es dennoch schaffen (S. 27) und
- wie Sie Visionen und Ziele im Rahmen einer Unternehmensplanung entwickeln und sie Ihren Mitarbeitern motivierend kommunizieren (S. 32).

Den passenden Führungsstil finden

Die Frage nach dem richtigen Führungsstil ist ein Dauerbrenner. Die Vorstellung vom Unternehmer als Patriarchen, der *seinen* Arbeitern kaum Eigenständigkeit und Entscheidungsspielraum lässt, sondern detaillierte Anweisungen gibt, scheint passé. Und doch schwingen Teile davon noch mit, wenn die „Management-by ..." Formel spöttisch und treffsicher abgewandelt wird zu einem „Management by Mushroom" genannten Führungsstil: Mitarbeiter im Dunkeln lassen, ab und zu mit Mist bestreuen. Wenn sich Köpfe zeigen – sofort abschneiden. An diesem Bild wird deutlich, dass Mitarbeiter selbstverständlich einen eigenen Kopf haben, sich einbringen wollen und auch Ansprüche stellen. Doch was bedeutet das für Ihren Führungsstil? Und gilt diese Annahme für alle? Wie führt man Mitarbeiter, die nicht so viel Initiative zeigen, deren Performance nicht brillant ist?

Ist ein einziger Führungsstil der richtige?

Lange Zeit wurde die Frage nach dem richtigen Führungsstil grundsätzlich diskutiert und nur unter dem Aspekt der Partizipation betrachtet. In Unternehmensleitbildern wurde der Anspruch erhoben, prinzipiell einen partizipativen oder kooperativen Führungsstil zu pflegen. Diese Begriffe waren dem „Führungskontinuum" genannten Modell entnommen. In diesem Modell werden sieben Führungsstile genannt und nach dem Grad der Partizipation an der Willensbildung und Entscheidungsfindung geordnet.

Willensbildung beim Vorgesetzten						
			Willensbildung beim Mitarbeiter			

despotisch	patriarchalisch	informierend	beratend	kooperativ	partizipativ	demokratisch

Führungskontinuum

Übersicht: Führungsstile und ihre Bedeutung

despotisch	Vorgesetzter entscheidet, ordnet an, setzt häufig Zwangsmittel ein.
patriarchalisch	Vorgesetzter entscheidet, setzt durch, häufig mit Manipulation.
informierend	Vorgesetzter entscheidet, setzt durch Überzeugung durch.
beratend	Vorgesetzter informiert, die Betroffenen äußern ihre Meinungen.
kooperativ	Gruppe entwickelt Vorschläge, Vorgesetzter wählt aus.
partizipativ	Gruppe entscheidet im vereinbarten Rahmen autonom.
demokratisch	Gruppe entscheidet autonom, Vorgesetzter ist Koordinator.

Doch merkt man in der Praxis rasch, dass der Anspruch, ausschließlich einen einzigen Führungsstil durchzuhalten, kaum zu verwirklichen ist. Das verwundert nicht, werden doch Einflussfaktoren auf die Situation, in der ein Mitarbeiter geführt werden soll, in diesem Konzept nicht berücksichtigt. Hierzu zählen etwa: Gruppendynamik, Reifegrad des Mitarbeiters, ökonomische Unternehmenssituation.

Situativ führen: Einflussfaktoren berücksichtigen

Mitarbeiter situativ zu führen, heißt auch, die Person des Mitarbeiters zu berücksichtigen, sein Wissen, seine Grundhaltung zur jeweiligen Aufgabe, seine Erfahrung, seine Tagesform etc. In den 80er Jahren des vergangenen Jahrhunderts hatte der amerikanische Forscher Paul Hersey mit dem amerikanischen Management-Experten Ken Blanchard ein Konzept entwickelt, dass die Person des Mitarbeiters anhand von zwei Kriterien betrachtet und zwischen vier Führungsstilen unterscheidet: Je nach dem Entwicklungsstand oder Reifegrad des Mitarbeiters lenkt, trainiert, unterstützt oder delegiert die Führungskraft.

Der Reifegrad des Mitarbeiters wird durch zwei Kriterien bestimmt: der Motivation und der Kompetenz des Mitarbeiters. So ergeben sich vier Typen von Mitarbeitern, für die jeweils unterschiedliche Führungsstile empfohlen werden.

Situativ führen

Das Modell der situativen Führung zeigt, dass die Beschränkung auf einzelne Führungsstile (nur kooperativ, nur partizipativ) zu kurz greift: Sie werden den unterschiedlichen Reifegraden von Mitarbeitern nicht gerecht.

Beispiele: Führungsstil neuen Situationen anpassen

 Vom anleitenden zum partizipativen Führungsstil: Ihr Mitarbeiter ist neu an seinem Arbeitsplatz und Sie müssen ihn anleitend führen. Ein Jahr später ist er durch eigene Erfolge sowohl motiviert als auch kompetent. Dieser Entwicklung des Mitarbeiters sollten Sie Rechnung tragen und ihn künftig eher partizipativ führen.

Vom patriarchalischen zum partizipativen Führungsstil: Als neue Führungskraft erfahren Sie, dass Ihr Vorgänger patriarchalisch geführt hat und so die Mitarbeiter eher demotivierte, weil sie nicht selbständig arbeiten konnten. Sie sollten deshalb gemeinsam mit Ihren Mitarbeitern prüfen, in welchen Arbeitsbereichen mehr Autonomie nötig und möglich ist. Dies würde bedeuten, dass die Mitarbeiter bereits bei der Wahl des Führungsstils partizipieren.

Sie dürfen jedoch die Anforderungen, die dieser variable Führungsstil an Sie stellt, nicht unterschätzen. Einen Überblick bietet die folgende Checkliste.

Leitfaden: Situativ führen – worauf Sie achten sollten

- Sie müssen einen Mitarbeiter gut kennen, um die Ausprägung der beiden Faktoren Motivation und Kompetenz bei ihm einschätzen zu können.

- Mitarbeiter entwickeln sich weiter, manche gewinnen neue Kompetenzen, andere dagegen verlieren ihre Motivation. Sie sollten deshalb Ihren jeweiligen Führungsstil von Zeit zu Zeit überprüfen.

- Nur bis zu einer bestimmten Anzahl von Mitarbeitern kann eine Führungskraft diese in komplexen und dynamischen Situationen wirklich gut einschätzen. Führungskräfte halten eine Zahl von 8 bis 20 Mitarbeitern (im Mittel etwa 10) für überschaubar. Ist die Zahl höher, was in vielen Unternehmen der Fall ist, kann dies das situative Führen unmöglich machen.

Mitarbeiter motivieren

Was genau bringt Sie und Ihre Mitarbeiter dazu, trotz des gerade sehr schönen Wetters und ungeachtet der Berge von Arbeit auf dem Schreibtisch morgens aufzustehen und zur Arbeit zu gehen – und das vielleicht noch gerne? Was ist mit Motivation gemeint und wie können Sie Ihre Mitarbeiter motivieren? Es gehört zum Grundverständnis von Führung, dass die Mitarbeitermotivation eine zentrale Aufgabe ist. Heißt das, dass allein Sie verantwortlich sind für die Motivation Ihrer Mitarbeiter? Sicherlich nicht. Der Anspruch eines Mitarbeiters, der über seinen Vorgesetzten äußert, „Mein Chef taugt nicht viel, er motiviert mich nicht!", ist überzogen. Jeder Mitarbeiter muss seine persönliche Basis-Motivation in ein Unternehmen einbringen. Aufgabe der Führungskraft ist es dann, die Basis-Motivation des Mitarbeiters zu erhalten – nicht jedoch, sie erst zu schaffen.

Was sind Motivatoren?

In den späten 50er Jahren des vergangenen Jahrhunderts stellte der amerikanische Wissenschaftler Frederick W. Herzberg ein Modell der Arbeitsmotivation vor, das heute noch Geltung hat. Er hatte Mitarbeiter befragt, was sie sehr unzufrieden und was sehr zufrieden gemacht habe.

Die Ergebnisse waren interessant, denn es gab Faktoren, die die Mitarbeiter zufrieden sein ließen. Fehlten diese, waren die Mitarbeiter unzufrieden. Aber: Sie wurden schlicht von den meisten als selbstverständlich vorausgesetzt. Und Selbstverständlichkeiten wirken nicht motivierend. Diese Faktoren nennt man nach Herzberg Hygienefaktoren. Sie verhindern die Unzufriedenheit, wirken aber nicht motivierend (wie die Hygiene in der Medizin zwar Krankheit verhindert, aber nicht die Gesundheit fördert). Zu ihnen gehören z. B. ein leistungsgerechtes Gehalt, Sozialleistungen, Arbeitsplatzsicherheit, ein gutes Verhältnis zu den Kollegen, eine angemessene Arbeitsplatzgestaltung, gute Information und Kommunikation im Unternehmen.

Andere Faktoren rufen bei den Mitarbeitern große Zufriedenheit hervor; das heißt, sie wirken in den meisten Fällen motivierend. Fehlen Sie, waren die Mitarbeiter jedoch nicht unzufrieden. Diese nennt man Motivatoren.

Beispiel

 Um diese Ergebnisse besser zu verstehen, ist es hilfreich, für sich selbst einzuschätzen, was motivierend wirkt. Sind es z. B: 50 € mehr Gehalt im Monat? Auf die Mitarbeiter, die Herzberg befragte hatte, wirkte Geld nicht sehr motivierend. Sie setzten ein leistungsgerechtes Gehalt voraus. Aber eine interessante und herausfordernde Tätigkeit, das wirkte auf viele motivierend.

Checkliste: Was Mitarbeiter motiviert

Motivatoren
• Leistung erbringen können, Erfolg haben
• Verantwortung übernehmen
• Anerkennung und Lob erhalten, Wertschätzung erfahren
• herausfordernde Tätigkeiten übertragen bekommen
• Aus- und Weiterbildungschancen werden geboten
• Karrieremöglichkeiten werden geboten

Wie Sie dieses Wissen einsetzen

Um herauszufinden, wie Sie Ihre Mitarbeiter motivieren können, müssen Sie wissen, was diese als selbstverständlich ansehen und was sie motiviert. Fragen Sie dazu Ihre Mitarbeiter zum Beispiel im Mitarbeitergespräch nach ihren konkreten Vorstellungen. Verbinden Sie die Motivatoren mit der Zielerreichung.

Demotivation vermeiden Sie, indem Sie darauf achten, dass die Hygienefaktoren – also das, was Mitarbeiter als selbstverständlich ansehen – umgesetzt sind: Leistungsgerechte Bezahlung, gute Beziehungen unter den Mitarbeitern, angemessene Information über den Stand des Unternehmens usw.

Motivieren können Sie Ihre Mitarbeiter durch Lob und Anerkennung und indem Sie Ihren Mitarbeitern ermöglichen, Leistung zu erbringen und Erfolge zu haben.

Beachten Sie, dass Hygienefaktoren zu Motivatoren werden können und umgekehrt. Versuchen Sie nicht, Mitarbeiter durch Selbstverständlichkeiten zu motivieren. Wählen Sie Motivatoren gezielt aus und überlegen Sie genau, wie Sie diese einsetzen.

Beispiel: Motivationsfaktoren anwenden

Ein relativ neuer Mitarbeiter Ihrer Abteilung hat ein gutes Arbeitsergebnis vorgelegt. Sie nehmen das zum Anlass, ihn zu einem Gespräch zu bitten (Motivationsfaktor: Sie schenken Ihrem Mitarbeiter Ihre kostbare Zeit). In diesem Gespräch teilen Sie Ihm mit, wie zufrieden Sie mit seiner Arbeitsleitung sind (Motivationsfaktor: Lob, Erfolgsklärung). Sie fragen Ihn, ob er mit seinen Arbeitsinhalten und -bedingungen zufrieden ist (Motivationsfaktor: Einbeziehung). Falls möglich bieten Sie ihm eine herausfordernde, höherwertige Aufgabe an (Motivationsfaktor: Zutrauen, Herausforderung). Abschließend klären Sie, ob Ihr Mitarbeiter zur Bewältigung der Aufgabe an einer Weiterbildung interessiert ist (Motivationsfaktor: Entwicklung) und erklären sich bereit, hierfür die Kostenübernahme sicherzustellen (Motivationsfaktor: Wertschätzung, Weiterentwicklung). So gelingt es, in einem einzigen Gespräch sechs nachhaltige Motivationsfaktoren praktisch anzuwenden.

Die folgende Übersicht zeigt Ihnen Möglichkeiten, wie Sie die Motivatoren in Ihrer Tätigkeit konkret umsetzen können.

Leitfaden: Motivatoren konkret einsetzen

Motivatoren	Was Sie konkret tun
Leistung	• Schaffen Sie Handlungs- und Gestaltungsfreiraum für Ihre Mitarbeiter. • Vermitteln Sie relevante Informationen.
Verantwortung	• Dehnen Sie die Verantwortung der Mitarbeiter für ihre Arbeit aus. • Bauen Sie formalistische Kontrollen ab. • Geben Sie mehr Entscheidungsfreiraum.
Anerkennung	• Richten Sie periodische Reportings ein und machen Sie auf positive Entwicklungen aufmerksam. • Loben Sie Ihre Mitarbeiter auch in alltäglichen Situationen.
Herausforderungen	• Vereinbaren Sie herausfordernde Ziele. • Achten sie darauf, dass die Ziele erreichbar sind.
Aus- und Weiterbildung	• Weisen Sie auf Seminare und Schulungen hin und unterstützen Sie Ihre Mitarbeiter.
Karrieremöglichkeiten	• Informieren Sie Mitarbeiter gezielt über Karriereprogramme im Unternehmen.

Planen und steuern

In ganz ähnlicher Weise, wie Unternehmen ihre Planung erstellen, trifft, wer eine Bergtour unternehmen will, ganz selbstverständlich Vorbereitungen: Man bespricht seine Vorstellungen mit den Mitreisenden (Vision), vereinbart ein Ziel, überlegt, wie man es erreicht (Strategie), verteilt Zuständigkeiten (Prozesse, Strukturen) und Aufgaben (Maßnahmen).

Mit dem Bild von der Bergtour wird plastisch, warum eine Planung sinnvoll ist und wieso sie über verschiedene Ebenen läuft. Und es wird anschaulich, dass die Planung nicht nur für Konzerne wichtig ist, sondern ebenso für Freiberufler, mittelständische Unternehmen und öffentlich-rechtliche Organisationen. Die einzelnen Schritte einer Planung stellt anschaulich die Zielpyramide dar.

Zielpyramide

Wie Sie die Planung durchführen

In der Planung ist es üblich, die einzelnen Ebenen von oben nach unten durchzugehen. Prüfen Sie aber anschließend auf dem umgehrten Weg – also von unten nach oben –, ob die Pyramide auch so schlüssig ist.

Vision

Welche Vorstellungen haben Sie von Ihrem Unternehmen in der Zukunft? Das ist die Frage, die Sie zu einer Unternehmensvision führt. Eine Vision ist wie ein Bild, sie ist nicht eindeutig und exakt. Aufgrund ihrer Vielschichtigkeit wird sie immer wieder in ihrer Funktion falsch eingeschätzt, ja als unnütz abgetan. Und tatsächlich kommt es bei einer Vision nicht in erster Linie darauf an, dass sie mit Terminen und Zuständigkeiten versehen werden kann. Ihr Zweck liegt darin, dass sie Gefühle ermöglicht und nicht nur sachlich Ziele beschreibt. Eine Vision kann daher auf Ihre Mitarbeiter stark motivierend wirken, wie z. B. die Vorstellung für ein Bergsteiger-Team motivierend wirken kann, die schon bei der Vorbereitung sich darauf freuen, oben auf dem Gipfel zu stehen: Die Berge zu sehen, den Himmel, die Weite.

Beispiel

 Der Automobilkonzern Toyota hatte in den 70er Jahren die motivierende Vision entwickelt: „In zehn Jahren wollen wir Mercedes-Benz in der Pannenstatistik deutscher Automobil-Magazine überholt haben." In den 80er Jahren hatte Toyota das Ziel erreicht. Erst Ende des Jahres 2007 gelang es der deutschen Automobilindustrie durch gute Qualität, wieder an die Spitze der Pannenstatistik vorzustoßen.

Ziele

Was genau soll das Unternehmen bis wann erreichen? Diese Frage leitet Sie zu den Zielen des Unternehmens. Diese lassen sich zwar nicht direkt aus der Vision ableiten, aber sie orientieren sich an ihr. Für die Unternehmensziele gilt, dass sie anhand bestimmter Kriterien entwickelt werden: Sie sollen konkret und eindeutig formuliert, messbar, für die Mitarbeiter angemessen, realisierbar und genau terminiert sein. So werden z. B. die Teilnehmer der Bergtour selbstverständlich einen Tag vereinbaren, wann Sie den Gipfel erreichen wollen. Sie werden zuvor untereinander besprochen haben, welcher Gipfel überhaupt das Ziel ist, und prüfen, ob alle aus der Gruppe die erforderlichen Fähigkeiten haben und die nötige Ausrüstung mitbringen. Ein Ziel eines Unternehmens könnte folgendermaßen formuliert sein:

Beispiel

 Wir erreichen in den nächsten drei Jahren mit unserem Produkt XY eine Umsatzsteigerung von mindestens 20%.

Strategie

Die Frage, die Sie zu Ihrer Unternehmensstrategie führt, lautet: Wie erreichen wir unsere Ziele? Wichtig ist, dass Sie die Kräfte in Ihrem Unternehmen bündeln und sich auf einen oder wenige bestimmte Wege, die zum Ziel führen, einigen. Der preußische General und erfahrene Stratege Carl von Clausewitz führte dazu aus: „Die beste Strategie ist, immer recht stark zu sein, erstens überhaupt und zweitens auf dem entscheidenden Punkt. Daher gibt es kein höheres und einfacheres Gesetz für die Strategie, als seine Kräfte zusammen-zuhalten." Im Bild des Bergsteiger-Teams heißt das zum Beispiel, über Erfahrung an Gletschern zu verfügen, gute Steigeisen zu haben usw. – Voraussetzungen, die den Berg-steigern ermöglichen, die Route über die Nordwand nehmen. Eine Firma muss, um die erwünschten Umsatzziele zu errei-chen, manchmal ganz neue Strategien wählen, weil auf dem bisher anvisierten Weg bereits die Konkurrenz unterwegs ist.

Beispiel

 Wir beenden unsere Studien am Projekt X. Unser Mitbewerber A hat in diesem Segment X bereits Produkte im Angebot. Das Thema hat (für uns) keine Zukunft. Wir werden dem Hinweis der Unternehmensberatung B nachgehen und uns im Kunden-Segment Y stärker positionieren und präsentieren.

Prozesse

Um das vereinbarte Ziel auf dem geplanten Weg zu errei-chen, benötigen Sie bestimmte Mittel. Für die Bergtour wer-den z. B. Sicherungsverfahren benötigt. In der Welt des Un-ternehmens stellt sich die Frage, welche Methoden oder Arbeitsabläufe Sie einsetzen, was davon optimiert oder neu eingeführt werden muss, um das Ziel möglichst effizient – mit geringem Einsatz von Ressourcen – zu erreichen.

Beispiel

 Wenn wir vom Analyse-Verfahren A zum Verfahren B wechseln, können wir die Geschwindigkeit in der Qualitätsprüfung im Schnitt um 20% steigern.

Die Unterschriftenregelung für die Beschaffung führt zu unnöti-gen Wartezeiten. Wir ändern dies im Kontext der Budgetver-

antwortung. Wenn im Rahmen des Vier-Augen-Prinzipes nur
noch der Gruppenleiter und der Einkäufer unterschreiben müssen, können wir im Schnitt eine Woche Laufzeit einsparen und
die Abteilungsleiter operativ entlasten.

Organisationsstrukturen

Ihre Mitarbeiter müssen Prozesse beherrschen und Entscheidungen fällen. Dafür müssen sie die nötigen Kenntnisse haben und die Verantwortung tragen. Die Führungskräfte müssen dazu Verantwortung an die dafür geeigneten Mitarbeiter
abgeben. Daraus entsteht die Organisationsstruktur. Jedoch
muss diese zu den Prozessen passen, sonst werden die Abläufe ineffizient. Der Grundsatz lautet „structures follows func-
tion!" Im Beispiel der Bergbesteigung hieße das: Der Aufstieg
wird durch ein Basis- und ein Biwak-Lager unterstützt.

Beispiele

Wir haben gesehen, dass sich unsere Matrix-Struktur und unser
Anspruch auf flexibles Projektmanagement nicht vertragen. Wir
werden uns deshalb zukünftig nach einer Projektstruktur ausrichten.

Zurzeit haben wir einen Zentralbereich für Qualitätsmanage-
ment. Wir werden diesen Bereich dezentralisieren und mit dem
Projektmanagement der einzelnen Abteilungen verknüpfen. Dies
spart Dokumentationsaufwand und verkürzt die Informations-
und Kommunikationswege.

Maßnahmen

Unter Maßnahmen sind alle konkreten Umsetzungen zu
verstehen, die auf dem Weg zur Erreichung des Unterneh-
mensziels notwendig sind.

Beispiele

> Um unsere Ziele besser abzustimmen und transparenter zu machen, werden wir im nächsten Jahr das Führungsinstrument der Zielvereinbarungsgespräche einführen.
>
> Zur Optimierung der Information und Dokumentation werden wir bis Ende dieses Jahres ein Software-Programm für unser Projektmanagement anschaffen und alle relevanten Mitarbeiter darin einweisen.

Die Planung kommunizieren

Gerade wenn es um neue Unternehmensziele und -strategien geht, sind Unternehmensleiter in der Kommunikation zurückhaltend. Sicherlich ist es wichtig abzuwägen, wie viel man seinen Mitarbeitern vom neuen Vorhaben mitteilt – schließlich will man der Konkurrenz voraus und nicht deren Vorarbeiter sein. Doch gibt es einen triftigen Grund, warum Ziele und Strategien kommuniziert werden müssen: Wer das Ziel nicht mitteilt und den Weg nicht beschreibt, wird schwerlich Menschen finden, die folgen und sich führen lassen. Wer führen will und von seinen Mitarbeitern Identifikation und Engagement erwartet, muss also zuerst sorgfältig planen und die Ergebnisse anschließend verständlich und nachvollziehbar den Mitarbeitern kommunizieren.

Nutzen Sie die folgende Liste, um Ihre Planung schriftlich zu fixieren. Achten Sie darauf, dass Sie sich möglichst konkret ausdrücken. Beschreiben Sie Ihre Planung so, als hätten Sie sie bereits erfolgreich umgesetzt.

Checkliste: Strategische Planung

Vision:

Wie stellt sich mein Unternehmen/meine Abteilung in 3 bis 5 Jahren dar? Wie würden Außenstehende dann meine Situation beschreiben?

Ziel:

Was soll mein Unternehmen/meine Abteilung bis wann erreicht haben? (Umsätze, Rendite, Geschäftsfelder)

Strategie:

Welche Wege wird das Unternehmen/die Abteilung zur Zielerreichung nutzen?
(Kundenspektrum, Qualitätsmerkmale, Dienstleistungen, Marktvorteile)

Prozesse:

Wie genau werden unsere Geschäftsprozesse aussehen? (was machen wir genau, wie, wann, womit, mit wem?)

Organisationsstrukturen:

Wie sollen wir uns für organisieren?
(Matrix-, Abteilungs-, Projektstruktur, Kooperationen, Joint-Ventures?)

Maßnahmen:

Was genau ist in zu tun? (was, wie, wer mit wem, wann?)

Teams führen und entwickeln

Teams sind die Keimzelle des unternehmerischen Erfolgs. Ohne die Möglichkeit, Aufgaben und Verantwortung auf kompetente und verlässliche Schultern zu verteilen, wäre die Umsetzung vieler Maßnahmen kaum noch möglich.

In diesem Kapitel lesen Sie,

- was ein Erfolgsteam ausmacht (S. 40),
- wie Sie die Leistungsfähigkeit Ihres Teams steigern können (S. 47),
- wie Sie herausfinden, ob Ihr Team auf dem Weg zum Erfolgsteam ist (S. 54).

Von der Gruppe zum Erfolgsteam

Die Aufgabe, Ihr Team zu entwickeln, ist für Sie als Führungskraft zentral. Denn Sie werden nicht nur nach Ihrer eigenen Leistung, sondern ebenso nach den Leistungen Ihrer Abteilung bzw. Ihres Teams beurteilt. Daher ist es wichtig, dass Sie die Teamentwicklung vorantreiben.

Was ein erfolgreiches Team kennzeichnet

Mit dem Begriff Team wird oft ein höherer Anspruch an die Qualität der Zusammenarbeit verbunden als mit dem eher sachlichen Wort Arbeitsgruppe. Doch was charakterisiert ein erfolgreiches Team und unterscheidet es damit von einer einfachen Arbeitsgruppe?

In der Praxis besteht die Gefahr, dass Anspruch und Realität auseinanderklaffen: Je höher und unrealistischer z. B. die Ansprüche an harmonische Teamarbeit sind, umso mehr unausgesprochene Probleme sind anzutreffen.

Checkliste: 10 Merkmale eines erfolgreichen Teams

1 Ein Team hat gemeinsame Ziele, Werte und Regeln der Zusammenarbeit.

2 Die Kommunikation ist zielgerichtet und offen, Informationen werden zeitnah weitergegeben.

3 Die spezifischen Fähigkeiten der Teammitglieder werden gefordert und gefördert.

4 Verantwortlichkeiten und Befugnisse werden im Team abgestimmt.

5 Gegenseitige Hilfe und Vertretung sind selbstverständlich.

6 Hierarchische Beziehungen bestehen, treten aber in den Hintergrund.

7 Mit anderen Gruppen und Teams wird selbstverständlich kooperiert. Es wird kein sektiererisches Verhalten gepflegt.

8 Die Teammitglieder bringen einander Wertschätzung entgegen.

9 Probleme werden im Team offen angesprochen und gemeinsam gelöst.

10 Die Strukturen im Team folgen den Prozessen; beide werden bei Bedarf zum Zweck der Zielerreichung angepasst.

Phasen der Teamentwicklung

Jede Gruppe, jedes Team und jedes kleine Kollektiv durchläuft in der Regel eine ganz eigene Entwicklung, die sich in verschiedene Phasen einteilen lässt. Das hat in den 1960er Jahren der amerikanische Psychologe Bruce Tuckman herausgefunden: Eine Gruppe durchläuft meistens fünf Phasen, die mit den Begriffen Forming, Storming, Norming, Performing und Ending bezeichnet werden. Für Sie ist die Kenntnis dieser Phasen sehr wichtig: Denn in der Regel können die Entwicklungen in kleinen Gruppen ziemlich gut vorhergesagt werden (wenn nicht äußere Faktoren die Entwicklung beeinflussen). Sie werden so nicht von Veränderungen, Bedürfnissen der Teammitglieder oder Konflikten überrascht und können die Entwicklung des Teams gezielt unterstützen.

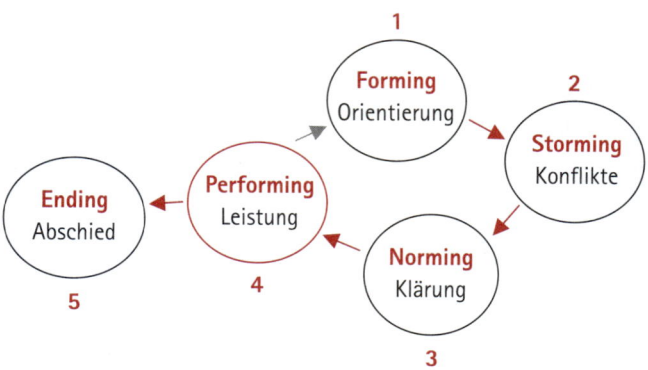

Teamphasen nach Tuckman

Checkliste: Kennzeichen der Teamphasen

Phase	Kennzeichen
Forming	• Suche nach Orientierung • Unsicherheiten bezüglich Zielsetzung und Zusammenarbeit • Wechsel von Hoffnungen und Befürchtungen • Einfordern von Regeln
Storming	• Konflikte um Ziele, Werte, Regeln und Rollen (begleitet von starken Emotionen) • Bildung informeller Führungsstrukturen • Fraktionsbildung
Norming	• Klärung von Hierarchie, Funktionen, Befugnissen • Information und Kommunikation • Entwicklung einer Teamkultur
Performing	• Team bringt Leistung • guter Informations- und Kommunikationsfluss • rasche Entscheidungsfindung • Identifikation mit Team (-kultur)
Ending	• optionale Phase z. B. bei Projekt-Teams • Auflösung, Abschied, Erfolgsbilanz

Die Teamphasen folgen zwar in der Regel in der oben beschriebenen Form aufeinander, doch nur, wenn Sie die Entwicklung auch fördern. Nutzen Sie dazu die folgende To-do-Liste.

Leitfaden: Die Teamentwicklung fördern

Forming: Die Teammitglieder treffen das erste Mal zusammen und benötigen Orientierung.

- Erläutern Sie Ziele, Aufgaben und Inhalte. Setzen Sie Prioritäten.
- Fördern Sie das Kennenlernen der Teammitglieder.

Storming: Es entstehen Konflikte um Rollen und um das richtige Verständnis der Ziele, der Regeln und Werte.

- Schaffen Sie Raum, damit die unterschiedlichen Interessen, Positionen und Erwartungen der Teammitglieder diskutiert werden können
- Lassen Sie auch Emotionen Raum, fordern Sie jedoch auch immer wieder zur sachlichen Diskussion auf.

Norming: Das Team festigt sich.

- Fördern Sie die Formulierung der gemeinsamen Ziele.
- Klären Sie mit dem Team die Funktionen der Teammitglieder und schaffen Sie hilfreiche Hierarchien.
- Legen Sie mit dem Team die zielführenden Arbeits-Methoden sowie die Regeln der Zusammenarbeit und Kommunikation fest.

Nutzen Sie zur Klärung die folgenden Fragen:

1 Wer macht genau was (Zuständigkeit)?

2 Wie wollen wir es machen (Verfahren, Methoden)?

3 Wer informiert wen wann über was?

4 Wer kommuniziert mit wem und wie (Meeting, E-Mail, Berichtswesen etc.)?

5 Wer hat welche Befugnisse und Verpflichtungen?

6 Wie wird was wann dokumentiert?

7 Was bedeutet für uns Verbindlichkeit?

Performing: Das Team hat seine Form gefunden und kann Leistung erbringen.

- Beobachten Sie das Team, damit es nicht in frühere Phasen zurückfällt.

- Fördern Sie die gegenseitige Unterstützung, z. B. durch informelle Teamtreffen.

- Leben Sie Wertschätzung der Leistung Einzelner. Loben Sie und heben sie Erfolge hervor.

- Achten Sie auf die Erreichung von Zwischenzielen und geben Sie Raum für Freude an der eigenen Leistung.

Mit Abweichungen von den Teamphasen umgehen

Die Teamphasen entwickeln sich oft nicht linear. Da ein Team mit seinen Energien ständiger Veränderung ausgesetzt ist,

ergibt sich auch hier ein eher variabler Prozess, der durch
verschiedene Kräfte beeinflusst wird. Äußere Einflussfaktoren, wie z. B. das Hinzukommen eines neuen Teammitglieds
oder Änderungen in der Organisation oder von Zielen, führen
in jedem Team immer wieder zum Rückfall in vorherige
Teamphasen und damit zu erneutem Klärungsbedarf.

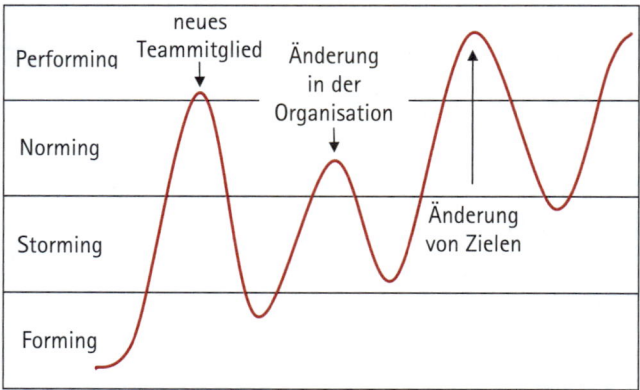

Einfluss äußerer Faktoren auf die Teamphasen

Wie können Sie auf solche Schwankungen reagieren? Schaffen Sie Raum und lassen Sie Ihren Mitarbeitern Zeit, sich als
Team wieder neu aufzustellen. Welche Instrumente Sie einsetzen können, zeigt Ihnen die folgende Checkliste. Zeit und
Mittel, die Sie für diese zusätzliche Teamentwicklung einsetzen, machen sich durch geringere Reibungsverluste im Alltag
schnell bezahlt.

Checkliste: Zusätzliche Teamentwicklung bei Veränderungen

- Ein längeres Meeting mit viel Zeit für informellen Austausch kann geeignet sein, die erneute Forming- oder Storming-Phase rasch hinter sich zu lassen.

- Bei gravierenden Änderungen planen Sie einen Teamworkshop ein, um bald wieder in die Performing-Phase einzutreten. Wählen Sie dazu eine extern gelegene Tagungsstätte und ein Ambiente, das z. B. für einen Abend auch informelle oder gesellige Einlagen ermöglicht (siehe Seite 48).

- Wenn Sie sich darüber hinaus Klarheit über die Zufriedenheit und Motivation Ihrer Mitarbeiter verschaffen möchten, können Sie dies z. B. über eine Teamanalyse erreichen. Dazu können Sie den Fragebogen von Seite 55 einsetzen.

Die Leistung des Teams steigern

Manche Führungskraft meint, sie müsse alle Fakten kennen, über jeden Konflikt Bescheid wissen, für jedes Problem eine Lösung parat haben und jede Entscheidung selbst treffen. Diese Haltung führt jedoch zu einer absoluten Überforderung – mit negativen Folgen für das Unternehmen und die Führungskraft selbst.

Entscheidungen im Team

Die Lösung heißt delegieren: Aufgaben, Verantwortung, Entscheidungen – und so die Vorteile eines Teams zu nutzen. Außerdem ist es in der Regel effizienter, Schlussfolgerungen und Entscheidungen nicht allein, sondern im Team zu treffen. Das besagt eine Untersuchung des deutschen Wirtschaftswissenschaftlers Jochen Hauschildt aus den 1970er Jahren. Hauschildt hatte dazu strategische Entscheidungen in Unternehmen/Organisationen untersucht. Demnach sind

- Entscheidungen umso besser, je mehr Entscheidungs-Varianten zur Verfügung stehen,
- Entscheidungen mit größerer Wahrscheinlichkeit besser, je mehr Teilnehmer sich konstruktiv an der Entscheidungsfindung beteiligten.

Dass Entscheidungen in Teams demnach statistisch betrachtet besser ausfallen als einsame Entschlüsse, sollten sich Führungskräfte prinzipiell nutzbar machen.

Maßnahmen beschließen im Workshop

Wie bereits dargestellt, ist ein Team mit seiner Abstimmung über Inhalte und Vorgehensweisen sowie über die Verteilung der Aufgaben und Funktionen stets in Bewegung. Neue Mitarbeiter, Zielkorrekturen, organisatorische Anpassungen und andere äußere Einflüsse geben immer wieder Anlass, sich neu auszurichten. Auf gewöhnlichen Besprechungen ist meist nicht der notwendige Raum dafür. Deshalb empfiehlt sich ein Teamworkshop. Ziel eines solchen Workshops ist es, Maßnahmen abzustimmen und verbindliche Entscheidungen zu treffen. Selbst bei einem Workshop, der aufgrund personeller Änderungen stattfindet – z. B. wenn neue Teammitglieder dazukommen –, ist das Kennenlernen zwar wichtig, aber es ist nicht das Ziel. Das Ziel ist in diesem Fall, das Team wieder möglichst rasch in die Performance-Phase zu steuern.

Checkliste: So profitieren Sie von einem Teamworkshop

- Die Teammitglieder erleben sich positiv als kreative und konstruktive Mitarbeiter, die Probleme durchdenken und lösen können.

- Sie werden als Steuerkraft und nicht als Zensor wahrgenommen.

- Ihre Mitarbeiter sehen, dass Sie es sind, der Raum eröffnet für gute Lösungen.

- Die Identifikation Ihrer Mitarbeiter mit den gefundenen Lösungen ist sehr hoch, weil sie aus dem Team kommen und nicht vorgegeben werden.

- Die Verbindlichkeit der beschlossenen Lösungen ist für alle hoch, da sie gemeinsam oder zumindest mehrheitlich zu Stande kamen.

Checkliste: Ihre Aufgaben beim Teamworkshop

- Moderieren Sie den Workshop selbst oder beauftragen Sie einen externen Moderator. Letzteres empfiehlt sich z. B. dann, wenn grundsätzliche Konflikte innerhalb des Teams bestehen.

- Kommunizieren Sie die Zielrichtung und Strategie des Teams und stellen Sie dazu die Planungspyramide vor (siehe Seite 32).

- Verdeutlichen Sie, welche einzelnen Ziele oder Rahmenbedingungen gegebenenfalls nicht diskutierbar sind – falls es solche Prämissen gibt.

- Fragen Sie die Erwartungen der Mitarbeiter ab.

- Zeigen Sie, wie sich aus Ihrer Sicht der Status quo des Teams / der Abteilung darstellt (Stärken-Schwächen-Analyse).

- Lassen Sie Raum und Zeit für konstruktive Kritik, konkrete Verbesserungsvorschläge und offene Meinungsäußerungen.

Es gibt vier Kernaufgaben in einem Teamworkshop: die Stärken des Teams erkennen, Verbesserungspotenziale herausarbeiten, die Potenziale priorisieren und Maßnahmen zur Umsetzung planen. Nutzen Sie die folgende Arbeitshilfe zur Vorbereitung Ihres Teamworkshops.

Leitfaden: Vorgehensweise im Teamworkshop

1 Stärken herausarbeiten: Was läuft gut im Team?

- Sammeln Sie in einem Brainstorming alles, was sich bewährt hat und erhalten bzw. ausgebaut werden sollte.
- Strukturieren Sie alle Nennungen in die Bereiche Zusammenarbeit, Kommunikation, Rollen, Regeln, Prozesse und Strukturen.
- Protokollieren Sie alle Punkte, die Ihre Mitarbeiter nennen.

2 Potenziale erkennen: Was kann optimiert werden?

Im zweiten Schritt werden Vorschläge gesammelt, in welchen Bereichen oder Aktivitäten die Zusammenarbeit verbessert werden kann.

- Wieder geht es um die Bereiche Zusammenarbeit, Kommunikation, Rollen, Regeln, Prozesse, Strukturen.
- Die Mitarbeiter notieren ihre Vorschläge auf Karten. Achten Sie darauf, dass sie sich auf die Lösung fokussieren (d. h. darauf, was verbessert werden kann) und nicht auf die Vertiefung der bestehenden Probleme.
- Präsentieren Sie die Karten, indem Sie sie an eine Pinnwand heften.
- Strukturieren Sie die Karten an der Pinnwand – gemeinsam mit Ihren Mitarbeitern.

3 Potenziale priorisieren: Was soll angegangen werden?

Gewichten Sie die genannten Möglichkeiten – da wahrscheinlich sehr viele zusammengetragen wurden, die das Team nicht alle auf einmal angehen kann. Nutzen Sie zur Priorisierung die Metaplan-Methode:

- Jeder erhält zwei oder drei Klebepunkte und klebt diese auf seine Favoriten, d.h. die Karten mit den Potenzialen, in deren Verwirklichung er den höchsten Nutzen sieht.
- Verdeutlichen Sie nun die Priorisierung, indem Sie die Karten mit den höchsten Punktzahlen farbig markieren.
- Halten Sie die drei höchstbewerteten Potenziale fest.
- Dokumentieren Sie auch die anderen Potenziale, um sie später eventuell später anzugehen.

4 Maßnahmen planen: Was setzen wir wie um?

Das Ziel ist, konkrete Maßnahmen zur Optimierung der genannten Punkte zu erarbeiten.

- Sammeln Sie die Maßnahmen (durch Brainstorming oder durch Zurufe und Diskussion in der Gruppe) und notieren Sie diese auf einem Flipchart.
- Gehen Sie die Maßnahmen dann durch und legen Sie die Mittel zur Umsetzung sowie die personellen Verantwortlichkeiten fest.
- Setzten Sie gemeinsam mit den Verantwortlichen den Endtermin der Maßnahme fest und notieren Sie diesen ebenfalls auf dem Flipchart.
- Das Ergebnis ist ein Maßnahmenplan mit den Spalten: Was? Wie? Wer? Wann? (siehe Seite 53)

5 Abschluss: Was war im Workshop gut?

Fordern Sie abschließend Ihre Mitarbeiter auf, ein Feedback zu geben, und gleichen Sie die Ergebnisse mit den Erwartungen der Mitarbeiter ab.

Erstellen Sie für die Maßnahmen eine übersichtliche Liste. Halten Sie darin die wichtigsten Punkte fest wie Maßnahmen, Umsetzung, Verantwortlicher und Termin. Diese Liste kann folgendermaßen aussehen:

Leitfaden: Protokoll der Maßnahmen

Nr.	Was?	Wie?	Wer?	Wann?
Potenzial A				
1	Maßnahme: Was genau soll umgesetzt werden?	Wie genau wird die Maßnahme umgesetzt? (Rahmenbedingungen, Methode, Medien usw.)	Akteur oder Ko-ordinator	Termin bzw. wenn nötig, Zwischen termine
2	Maßnahme	Umsetzung	Akteur	Termine
Potenzial B				
3	Maßnahme	Umsetzung	Akteur	Termine
4	Maßnahme	Umsetzung	Akteur	Termine

Teamanalyse: Verfügen Sie über ein Erfolgsteam?

Mit dem folgenden Test können Sie feststellen, wo die Stärken und Optimierungspotenziale Ihres Teams liegen. Denken Sie dabei immer daran: Das ideale Power-Team bleibt ein letztlich unerreichbares Idealziel. Für reflektierte Teamleiter gibt es deshalb immer etwas zu tun!

So gehen Sie vor

Lesen Sie die einzelnen Aussagen und tragen Sie in der rechten Spalte ein, wie stark die jeweilige Aussage auf Ihr Team zutrifft. Es steht Ihnen dazu eine Skala von 1 bis 6 zur Verfügung: Die Stufe 1 bedeutet „gering ausgeprägt", die Stufe 6 „stark ausgeprägt".

| 1 | 2 | 3 | 4 | 5 | 6 |
gering ausgeprägt   stark ausgeprägt

Nachdem Sie die Bewertungen eingetragen haben, addieren Sie die Ziffern und überprüfen anhand der Auswertung des Tests auf Seite 58 Ihre Einschätzung des Teams.

Test: Teamanalyse

1 Wir stimmen uns im Team mindestens einmal jährlich auf einem Workshop über Ziele, Funktionen, Aufgaben, Abläufe etc. ab. So vermeiden wir Missverständnisse und entwickeln das Gefühl, gemeinsam erfolgreich zu sein.

2 Wir verfügen im Team über ein Leitbild, in dem wir zur Orientierung unsere Werte formuliert haben, die uns für unsere Arbeit wichtig sind.

3 Wir haben gemeinsame Regeln erarbeitet und abgestimmt, um uns die Arbeit im Team zu erleichtern sowie Missverständnissen und Fehlinformationen vorzubeugen.

4 Wir sprechen im Team (personenbezogene) Konflikte und (sachbezogene) Probleme offen an. Wenn nötig, lösen wir sie gemeinsam, ohne uns mit Schuldzuweisungen oder "Sündenböcken" abzugeben.

5 Unser Team verfügt über eine Fehlerkultur, d.h. Fehler sind nicht tabuisiert. Wir lernen aus Fehlern und versuchen, gemeinsam Wege zu finden, sie zukünftig zu vermeiden.

6 Wir sichern mindestens alle 14 Tage den Austausch als Team in einem Teammeeting. Hier haben wir als möglichst komplettes Team ausreichend Zeit und Gelegenheit, über unsere Zusammenarbeit und den Grad der Zielerreichung zu sprechen.

7 Es wird offen und unkompliziert zusammengearbeitet. Wir sind alle nur Menschen. Wenn mal etwas nicht so läuft, wie geplant, finden wir eine möglichst konsensorientierte Lösung.

8 Wir verfügen über eine hierarchische Struktur (z. B. Teamleitung, Stellvertreter etc.). Dies ist aber für die Teamarbeit nachrangig. Bei uns kommen alle zu Wort und können sich einbringen.

9 Wenn in unserem Team jemand ausfällt, versuchen andere ihn/sie möglichst umfassend und kompetent zu vertreten, wo immer das möglich ist.

10 Weder Hierarchieebenen noch Zuständigkeiten wirken als Barrieren. Wir arbeiten nach Gesichtspunkten effizienter Prozesse mit Blick auf den Kundennutzen und nicht auf formale Zuständigkeiten.

11 Es herrscht ein offenes Kommunikationsklima. Information wird nicht monopolisiert, sondern für alle als wichtig verstanden. So stellen wir sicher, dass alle Mitarbeiter Ziele, Hintergründe und Zusammenhänge des Geschehens im Team verstehen.

12 Die Qualifikation der Mitarbeiter wird als Teampotenzial begriffen und durch entsprechende Fort- und Weiterbildung systematisch gefördert.

13 Das Potenzial der Teammitglieder wird systematisch genutzt, indem Verantwortung delegiert wird sowie die Mitarbeiter am Prozess der Meinungsbildung und der Entscheidungsvorbereitung beteiligt sind.

14 Auch bei temporärem Stress versuchen wir, freundlich und kollegial miteinander umzugehen. Meist macht die gemeinsame Arbeit auch bei größerem Arbeitsvolumen Spaß.

15 Das Team pflegt eine Kultur, in der man sich offen mit unterschiedlichen Meinungen und Interessen auseinander setzt. Konflikte werden nicht verdrängt, sondern offen gelegt und konstruktiv ausgetragen.

16 Die Teamleitung ist offen für kritische Rückmeldungen und arbeitet permanent an der Weiterentwicklung der eigenen Qualifikation, insbesondere an der Rolle als Teammoderator.

17 Die Teamleitung hat Mut zu klaren Entscheidungen und notfalls auch zu unpopulären Maßnahmen. Gesetzte Ziele werden konsequent verfolgt. Beim konkreten Vorgehen wird Sorgfalt auf partnerschaftlichen Umgang gelegt.

18 Unsere Strukturen, Funktionen und Rollen sind geklärt. Sie werden den Umständen entsprechend hinterfragt und flexibel angepasst, wenn dies notwendig erscheint.

19 Aufgaben verteilen wir mittels klarer Vereinbarungen über konkrete Maßnahmen. Verbindlichkeit ist uns wichtig.

Summe

Auswertung

Punkte	Ihre Teamkultur
97–120	Optimale, motivierende und zielorientierte Teamkultur, die auch Veränderung fördert.
72–96	Liberale Unternehmenskultur, die anspruchsvoll und zielgerichtet, nicht immer aber konsistent und konsequent ist.
46–71	Wenig flexible Teamkultur, in der Personen und Strukturen die Flexibilität und Motivation beeinträchtigen.
20–45	Starre Teamkultur, in der Strukturen, Prozesse oder Personen wichtiger zu sein scheinen als die Zeilerreichung.

Effiziente Führungsinstrumente

Um Ihre Führungsaufgaben zu erfüllen, brauchen Sie die passenden Instrumente. Die wichtigsten Führungsinstrumente stellen wir Ihnen im folgenden vor.

In diesem Kapitel lesen Sie, wie Sie

- Mitarbeitergespräche professionell durchführen und Mitarbeiter treffend beurteilen (S. 60),
- Ihre Mitarbeiter mit Zielen führen und Ziele korrekt formulieren (S. 73),
- die Entwicklung Ihrer Mitarbeiter fördern und sich von ihnen Feedback holen (S. 89).

Mitarbeitergespräche führen

Es gibt viele Anlässe und Gelegenheiten, sich zwischen Führungskraft und Mitarbeiter auszutauschen: Besprechungen, Seminare, Kolloquien, Projekt-Meetings, Reports oder auch spontane Gespräche zu aktuellen Anlässen. Aufgrund der Vielzahl dieser Gelegenheiten meinen manche, man rede doch eigentlich genug miteinander. Weitere Angebote, wie z. B. die sogenannten Mitarbeitergespräche, seien somit überflüssig. Zudem hört man gelegentlich die Einschätzung, dass mit Meetings ohnehin zu viel Zeit in Anspruch genommen werde, und man folglich zu wenig Zeit für die eigentliche Arbeit habe.

Bei klassischen Mitarbeitergesprächen geht es jedoch nicht darum, die Kommunikation quantitativ zu erweitern, sondern darum, die Kommunikation zwischen den Mitarbeitern und ihren direkten Vorgesetzten qualitativ zu optimieren. Mitarbeitergespräche sind ein bewährtes und effizientes Mittel, um allen wichtigen Themen zwischen Mitarbeitern und Führungskräften einen festen Platz zu geben und so Konflikte nachhaltig zu vermeiden.

Ein Mitarbeitergespräch wird in regelmäßigen Abständen, in der Regel ein- bis zweimal jährlich, als Vier-Augen-Gespräch zwischen dem Mitarbeiter und der direkten, fachlich und/oder disziplinarisch zuständigen Führungskraft geführt.

Mitarbeitergespräche vorbereiten

Um die Qualität der Mitarbeitergespräche zu gewährleisten sollten Sie bestimmte Rahmenbedingungen schaffen bzw. einhalten.

Checkliste: Rahmenbedingungen für Mitarbeitergespräche

- **Zeit:** Das Gespräch sollte ca. 1 bis 1,5 Stunden pro Mitarbeiter dauern.

- **Raum:** Er sollte geeignet sein für persönliche Gespräche, also nicht zu groß sein.

- **Vorbereitung:** Für beide Seiten entscheidet eine gute Vorbereitung über den Erfolg des Gesprächs; am besten anhand der Vorbereitungsfragen von Seite 63 ff.

- Sorgen Sie dafür, dass Sie und Ihr Mitarbeiter während des Gesprächs nicht gestört werden, etwa durch Telefonanrufe oder Besucher.

Wann Sie das Mitarbeitergespräch führen

Es ist empfehlenswert, die Mitarbeitergespräche bald nach einem Teamworkshop durchzuführen: Sie können so auf zentrale Informationen, die im Teamworkshop vermittelt bzw. erarbeitet wurden, zurückgreifen und die einzelnen Mitarbeitergespräche nehmen dadurch weniger Zeit in Anspruch. Zudem können Sie einen unmittelbaren Bezug zwischen den im Workshop erarbeiteten Teamzielen und den Zielvereinbarungen mit den Mitarbeitern herstellen.

Für die Verbindung von Teamworkshop und Mitarbeitergesprächen empfehlen wir Ihnen folgenden zeitlichen Ablauf:

Checkliste: Organisatorische Planung der Mitarbeitergespräche

Was	Wann/wie lange
1 **Workshop** mit dem gesamten Team	ca. 4 Wochen vor den Mitarbeitergesprächen
2 **Einladung zum Mitarbeitergespräch**	ca. 2 Wochen vor dem Gespräch
3 **Vorbereitung auf das Mitarbeitergespräch** jeweils durch die Führungskraft / durch den Mitarbeiter Schätzen Sie bei der Vorbereitung auch, wieviel Zeit Sie für das Gespräch selbst benötigen.	ca. 1 bis 2 Stunden pro Gespräch Blocken Sie in Ihrem Kalender auch diesen Vorbereitungszeitraum für jedes Mitarbeitergespräch.
4 **Durchführung der Gespräche**	ca. 1 bis 1,5 Stunden pro Gespräch

Leitfaden: Vorbereitungsfragen für das Mitarbeitergespräch

Ein Mitarbeitergespräch werden Sie dann besonders erfolgreich führen, wenn Sie es entsprechend gut vorbereiten. Der folgende Fragenkatalog hilft Ihnen dabei.

Bilanzierung der Leistung

- In welchem Ausmaß hat mein Mitarbeiter in der letzten Periode die festgelegten Ziele erreicht?
  Welche wurden nur teilweise erfüllt?

- Gibt es äußere Umstände, welche die Zielerreichung erschwerten oder verhinderten?

- Wo haben erkennbare Stärken/Schwächen bei der Zielerreichung eine Rolle gespielt?

- Wie zufrieden bin ich mit der Arbeitsleistung (Qualität und Quantität) meines Mitarbeiters?

- Welches Ergebnis hat mein Mitarbeiter in der systematischen Leistungsbewertung?
  Lassen sich daraus Konsequenzen bzw. Ziele für die Zukunft ableiten?

- Sind die Zuständigkeiten und Befugnisse klar definiert? Haben sich Veränderungen ergeben?

- Bin ich mit der Ausstattung des Arbeitsplatzes zufrieden? Wenn nicht, welche Verbesserungen könnten gemacht werden?

Führung und Zusammenarbeit

- Wie beurteile ich das Arbeitsklima im Umfeld des Mitarbeiters?

- Wie kann ich zur erfolgreichen Erledigung der Aufgaben bzw. zur Verwirklichung der Ziele des Mitarbeiters beitragen?

- Kann der Handlungsspielraum des Mitarbeiters vergrößert werden?

- Bin ich durch den Mitarbeiter ausreichend informiert? Informiere ich selber über die wesentlichen Dinge?

- Bin ich mit der Zusammenarbeit mit meinem Mitarbeiter zufrieden? Was kann in der Zukunft verbessert werden?

- Wie ist der Umgangston zwischen dem Mitarbeiter und seinen Kollegen sowie zwischen dem Mitarbeiter und mir?

Optimierungspotenziale

- In welchen Bereichen sind Optimierungen der Arbeitsabläufe etc. möglich?

- Wie können die persönlichen Fähigkeiten meines Mitarbeiters und sein Interesse an seinen Aufgaben gestärkt und Schwächen ausgeglichen werden? Welche Anreize kann ich geben?

- Wie sehen die weiteren Entwicklungsmöglichkeiten für meinen Mitarbeiter aus? Welcher Qualifizierungsbedarf lässt sich daraus ableiten?

Zielvereinbarung

- Welche mittel- und langfristigen Aufgaben und Entwicklungsschwerpunkte gibt es in meiner Organisationseinheit? Was sind die übergeordneten Ziele?

- Welche Aufgaben und Ziele kommen in der nächsten Arbeitsperiode auf meinen Mitarbeiter zu? Welche Veränderungen? Von welchen Rahmenbedingungen gehe ich aus?

- Welche Ziele sollen mit welchen Prioritäten formuliert werden? Kann mein Mitarbeiter den Weg zur Zielerreichung einschätzen? Hat er alle nötigen Informationen zur Zielerreichung?

- Welche Erwartungen habe ich an den Mitarbeiter (fachlich und hinsichtlich der Zusammenarbeit)?

Sonstiges

- Gibt es außer den vorgegebenen Themen noch Fragen, die ich gerne mit meinem Mitarbeiter besprechen würde?

Mitarbeitergespräche durchführen

Der folgende Leitfaden hilft Ihnen bei der Vorbereitung und dabei, dass Sie während des Gesprächs keine wichtigen Themen vergessen. Stellen Sie diese Arbeitshilfe auch Ihrem Mitarbeiter für dessen Vorbereitung zur Verfügung.

Leitfaden: Ablauf des Mitarbeitergesprächs

Gesprächseinstieg

Ziel des Gesprächs und grundsätzliche Fragen zum Verständnis klären

Ablauf des Gesprächs vorstellen (Inhalte, Ablauf, Zeit, Protokoll)

Zielerreichung überprüfen

Mitarbeiter schildert seine Selbsteinschätzung (vorher Vorbereitung erbitten)

Führungskraft schildert ihre Beurteilung der Zielerreichung anhand der im vorjährig vereinbarten Ziele und Zielerreichungskriterien

Leistungsbeurteilung

Mitarbeiter schildert seine Selbsteinschätzung (vorher Vorbereitung erbitten)

Führungskraft erläutert die Anforderungen unter Bezug auf die Stellenbeschreibung

Führungskraft schildert ihre Leistungsbeurteilung, mit Beispielen belegt

Unterschiedliche Leistungsbeurteilung begründen

Zielvereinbarung

Aus der Unternehmensplanung abgeleitete Ziele vorstellen

Mitarbeiter stellt eigene Zielwünsche vor (Vorbereitung erbitten)

Ziele vereinbaren und festschreiben

Kriterien für die Zielerreichung gemeinsam erarbeiten

Umsetzung, Ablauf, Rahmenbedingungen besprechen

Für Zwischenbericht Termine festsetzen

Feedback zum Führungsverhalten des Vorgesetzen

Mitarbeiter schildert sein Feedback (vorher Vorbereitung erbitten, siehe Feedbackbogen, Seite 96)

Unterschiedliche Sichtweisen klären

Vereinbarungen zur Veränderung treffen

Personalentwicklung

Schulungsmaßnahmen vereinbaren, welche die Zielerreichung unterstützen und die Potenziale fördern

Mitarbeiter schildert seine Weiterbildungswünsche (Vorbereitung erbitten)

Nachbereitung und Ergebnissicherung

Termine für kurze Zwischenberichte vereinbaren, welche unterjährig die Zielerreichung sichern

Leistung der Mitarbeiter beurteilen

Vielen Führungskräften fällt es leicht, Lob und Anerkennung für gute Leistungen oder Einsatzbereitschaft zu äußern. Mitarbeiter in einem persönlichen Gespräch aber damit zu konfrontieren, dass man mit einzelnen Leistungsbereichen nicht zufrieden ist, fällt den meisten Führungskräften dagegen schwer.

Anderseits hat jeder Mitarbeiter ein Anrecht darauf zu wissen, wie seine Leistung eingeschätzt wird. Ohne regelmäßige Mitarbeitergespräche und der dort integrierten Leistungsbeurteilung erhalten Mitarbeiter selten eine präzise Rückmeldung über ihre Leistung. Und mit einer Beurteilung – oder milder gesagt einem Leistungs-Feedback – geben Sie Ihren Mitarbeitern die Möglichkeit, die eigene Leistung zu reflektieren. Die Beurteilung ist dabei eine Funktion Ihrer Führungsaufgaben, mit der Sie Ihre Mitarbeiter steuern: Sie können dasjenige Verhalten Ihres Mitarbeiters, das auf die vereinbarten Ziele hin ausgerichtet ist, positiv bestärken. Wo Ihr Mitarbeiter den Ansprüchen nicht genügt, kommunizieren Sie es offen. Damit fordern und fördern Sie die Leistungsbereitschaft im Team insgesamt.

Mitarbeiter zu beurteilen, ist aber nicht einfach. Rasch sieht man sich dem Vorwurf ausgesetzt, nicht objektiv oder gar ungerecht zu urteilen. Doch stattdessen keine Beurteilung vorzunehmen, hieße, das Kind mit dem Bade auszuschütten. Doch wie kommen Sie zu einem möglichst objektiven Urteil?

Checkliste: Möglichst objektiv beurteilen

- Sie benötigen Beurteilungskriterien, die für alle Mitarbeiter aus der jeweiligen Berufsgruppe gelten.

- Die Kriterien sollten in einer Dienst- oder Betriebsvereinbarung festgeschrieben werden und den Mitarbeitern bekannt sein.

- Ihre Beurteilung muss qualifiziert sein, das heißt, sie muss jedes einzelne Kriterium darstellen.

- Ihre Beurteilung sollte in einem persönlichen Gespräch mitgeteilt, erläutert und begründet werden.

- Stellen Sie klar, dass Sie die Leistung des Mitarbeiters beurteilen und nicht den Mitarbeiter als Person.

- Ist ein Mitarbeiter mit Ihrer Beurteilung nicht zufrieden, dann klären Sie die Maßstäbe: Erläutern Sie, welche Leistungen er hätte erbringen müssen, um eine bessere Beurteilung zu erreichen.

Kriterien für die Beurteilung

Für die Beurteilung haben sich als die folgenden Kriterien als allgemeinn gültig bewährt. Neben sechs Kriterien, die für alle gelten, werden für Mitarbeiter mit Personal- und Budgetverantwortung zwei weitere genannt:

1 Arbeitsqualität und -quantität

2 Arbeitsbeziehungen

3 Kundenbeziehungen

4 Eigeninitiative / Selbstständigkeit

5 Zuverlässigkeit

6 Flexibilität

7 wirtschaftliches Handeln (optional)

8 Mitarbeiterführung (optional bei Führungskräften)

Systematisch beurteilen

Um Ihren Mitarbeitern im Gespräch ein differenziertes Feedback zu geben, bereiten Sie im Vorfeld den folgenden Beurteilungsbogen vor. Die oben genannten acht Hauptkriterien werden hier durch jeweils drei untergeordnete Kriterien differenziert. Für die Mitarbeiterbeurteilung empfehle ich Ihnen eine Skala in fünf Stufen zu verwenden. Sie führt von 4 bis zu 0. Eine größere Skala zu wählen, macht die Beurteilung nur komplizierter und führt eventuell zu unnötigen Diskussionen. Beachten Sie, dass die Stufe 3 für gut steht und nicht für Mittelmaß oder Durchschitt!

4 Punkte = sehr gute Leistung

3 Punkte = gut

2 Punkte = befriedigend

1 Punkt = ausreichend

0 Punkte = ungenügend

Zunächst beurteilen Sie stets die drei Unterkriterien. Diese Werte addieren Sie dann und teilen sie durch drei, errechnen also den Mittelwert. Dieser steht für die Beurteilung in dem jeweiligen Hauptkriterium. Tragen Sie ihn jeweils rechts oben in die Spalte ein.

Leitfaden: Beurteilungsbogen

Kriterien	Bewertung				
Arbeitsqualität und -quantität	⌀ ...				
Bewältigte Arbeitsmenge	0	1	2	3	4
Fehlerfreiheit / Qualität	0	1	2	3	4
Einhalten von Vorgaben	0	1	2	3	4
Arbeitsbeziehungen	⌀ ...				
Hilfsbereitschaft	0	1	2	3	4
Freundlichkeit	0	1	2	3	4
Informationen liefern und einfordern	0	1	2	3	4
Kundenbeziehungen	⌀ ...				
Freundlichkeit	0	1	2	3	4
Erreichbarkeit	0	1	2	3	4
Überzeugungsvermögen	0	1	2	3	4
Eigeninitiative und Selbstständigkeit	⌀ ...				
Aufgaben anpacken	0	1	2	3	4
Probleme erkennen und benennen	0	1	2	3	4
Lösungen entwickeln und umsetzen	0	1	2	3	4

Zuverlässigkeit		∅ ...			
Verbindlichkeit	0	1	2	3	4
Termintreue	0	1	2	3	4
Genauigkeit der Ausführung	0	1	2	3	4
Flexibilität		∅ ...			
Einsatzbereitschaft	0	1	2	3	4
Veränderungs- und Lernbereit-schaft	0	1	2	3	4
Flexibilität bzgl. inhaltlicher Aufgaben	0	1	2	3	4
wirtschaftliches Handeln (optional)		∅ ...			
Kostenbewusstsein in der Planung	0	1	2	3	4
Aufzeigen von Einspar-potenzialen	0	1	2	3	4
Umgang mit Verbrauchs-materialien	0	1	2	3	4
Mitarbeiterführung (optional)		∅ ...			
Information der Mitarbeiter	0	1	2	3	4
Ansprechbarkeit für die Mitarbeiter	0	1	2	3	4
Lösung von Konflikten und Prob-lemen	0	1	2	3	4

Ziele vereinbaren

Der Einsatz von Zielvereinbarungen als Führungsinstrument stößt manchmal auf grundsätzliche Bedenken. Immer wieder wird betont, dass in vielen Bereichen Ziele oder Ereignisse nicht planbar seien. Es sind Argumente zu hören, wie: „Ob wir mit dem neuen Vertriebskonzept tatsächlich unser Ergebnis um 20 % steigern können, ist doch noch keinesfalls sicher. Wie kann ich mit meinem Mitarbeiter da ein verbindliches Ziel vereinbaren, dass genau auf dieser vagen Annahme basiert?"

Dieser Einwand beweist jedoch nicht, dass Zielvereinbarungen als Führungsinstrument untauglich sind. Er deckt allenfalls auf, dass Ziele falsch gesetzt werden können. Die vereinbarten Ziele müssen im Möglichkeits- und Verantwortungsbereich des Mitarbeiters liegen. Die Erreichung eines Ziels darf also nicht von Kollegen oder Zulieferern oder allein von Glück und Zufall abhängig sein.

Ziele richtig formulieren

Grundvoraussetzung für jede Zielvereinbarung ist, dass Sie die Ziele schriftlich fixieren. Wenn sie das nicht tun, wird es äußerst schwer zu beurteilen sein, ob der Mitarbeiter die vereinbarten Ziele erreicht hat.

Ziele mit den SMART-Kriterien überprüfen

Die SMART-Formel hilft Ihnen bei der Erstellung und Beschreibung der Ziele. SMART steht für fünf Kriterien, anhand derer Sie die Ziele überprüfen. Sie lauten:

S spezifisch
M messbar
A anspruchsvoll
R realistisch
T terminiert

Checkliste: Ziele SMART formulieren

- **Spezifisch** sind die Ziele, wenn sie konkret, eindeutig und verständlich formuliert sind.

- **Messbar** sind die Ziele, wenn sie das Ergebnis konkret beschreiben. Formulieren Sie, wenn möglich, den Indikator für die Zielerreichung als Zahl. Geben Sie auch konkrete Zwischenergebnisse an oder eine Skala der Zielerreichung.

- **Anspruchsvoll** sind die Ziele, wenn sie auf Ihre Mitarbeiter herausfordernd und motivierend wirken.

- **Realistisch** sind die Ziele, wenn das Ziel erreichbar ist, den Fähigkeiten des Mitarbeiters und den Rahmenbedingungen entspricht.

- **Terminiert** sind die Ziele, wenn sie exakte Termine für die Zielerreichung und die Zwischenergebnisse vereinbart haben.

Im Sinne dieser Ziel-Kriterien sind Ziele nur „smart", wenn alle Kriterien gleichzeitig eingehalten werden.

Es ist es oft gar nicht so leicht, Ziele richtig zu formulieren. Die folgenden Beispiele erleichtern Ihnen die Umsetzung.

Beispiele: Ziele smart formulieren

Ziel 1
„Techniker Schmitz soll die Produktionsanlage Alpha optimieren."
Das Ziel ist anspruchsvoll und realistisch: Hr. Schmitz wird das Ziel vermutlich als Herausforderung sehen und es ist erreichbar. Jedoch ist es nicht spezifisch (Was soll genau optimiert werden?), nicht messbar (Woran wird die Optimierung gemessen?), nicht terminiert (Bis wann soll das Ziel erreicht sein?)

Ziel 2
„Laborant Huber soll sich bis Mitte des Jahres in die neue Analyse-Technik eingearbeitet haben."
Das Ziel ist messbar, anspruchsvoll und realistisch: Wenn Laborant Huber die neue Technik anwenden kann, ist er eingearbeitet; das Ziel wird ihn vermutlich herausfordern; und das Ziel ist erreichbar. Jedoch ist es nicht terminiert (Wann genau ist „Mitte des Jahres"?) und nicht spezifisch (Was kann oder weiß er nach dieser Zeit?)

Ziel 3
„Maschinenführer Heise wird vom Kollegen Meier in eine neue Anlage eingewiesen. Er soll diese bis Ende Januar kommenden Jahres selbstständig so betreuen, dass ein durchschnittlicher Ausstoß von 250 Stück pro Stunde erreicht wird."
Dieses Ziel ist smart!

Ziele gemeinsam formulieren

Zielvereinbarungen haben nichts zu tun mit Dienstanweisungen, Anordnungen, Zielvorgaben oder gar Marschbefehlen. Das wäre ein großes Missverständnis. Wenn ein Mitarbeiter ein Ziel per Anweisung vorgesetzt bekommt, nehmen Sie ihm die Möglichkeit, aus eigener Motivation das Ziel zu verfolgen. Daher setzt eine Zielvereinbarung eine Einigung voraus.

> Eine Zielvereinbarung ist die gemeinsame, einvernehmliche Abstimmung auf ein verbindliches Ziel. Ist sie nicht im gegenseitigen Einvernehmen erfolgt, handelt es sich nicht um eine Zielvereinbarung, sondern bestenfalls um eine Zielvorgabe.

Zielvereinbarungen fördern die Selbstständigkeit

Zielformulierungen halten fest, was genau, wie, in welcher Zeit und unter welchen Prämissen zu leisten ist. Auf diese Weise vermeiden Sie Situationen, in denen Mitarbeiter nicht wissen, was von ihnen erwartet wird oder nicht selbst beurteilen können, inwieweit sie die Erwartungen erfüllen. So erhöhen Sie mit der Vereinbarung von Zielen die Selbstständigkeit Ihrer Mitarbeiter. Diese wissen, worauf sie hinarbeiten, denn sie haben das Ziel selbst mit Ihnen vereinbart. Sie sind daher auch motiviert, das Ziel zu erreichen.

Zielvereinbarungen sind besonders auch für neue Mitarbeiter – z. B. in der Probezeit – eine wichtige Hilfestellung. Vereinbaren Sie also mit neuen Mitarbeitern im Rahmen ihrer Einarbeitung Ziele, auch wenn dies zu diesem Zeitpunkt nicht turnusgemäß anstehen sollte. Auf diese Weise verfügen Sie über ein effizientes Instrument, um gegenseitige Erwartungen zu spezifizieren, (Teil-)Erfolge transparent zu machen und Klarheit zu vermitteln. Verdeutlichen Sie neuen Mitarbeitern, was Sie in der Probezeit erwarten. So entsteht Sicherheit, Vertrauen und Berechenbarkeit für beide Seiten!

Ziele unterjährig anpassen

Ein einmal gesetztes Ziel ist nicht unantastbar. Aus verschiedenen Gründen müssen Zielvereinbarungen durchaus unterjährig einvernehmlich zwischen Ihnen und Ihrem Mitarbeiter geändert oder variiert werden. Die Gründe für die Überprüfung oder Anpassung einer Zielvereinbarung können vielfältig sein und in einer neuen Einschätzung der Ziele selbst liegen oder in veränderten Umständen. Beachten Sie aber, dass Schwierigkeiten auf dem Weg zur Zielerreichung selbstverständlich sind, d.h. nicht jedes Problem muss eine Zielanpassung zur Folge haben. Bei anderen Gründen hingegen wäre es fahrlässig, die Ziele nicht neu zu justieren.

Checkliste: Wann Sie Ziele anpassen sollten

- Eine neue Methode, die wesentlicher Bestandteil der Zielvereinbarung ist, erweist sich im Verlauf als nicht zielführend, so dass Sie sie variieren oder gar verwerfen müssen.

- Es stellt sich heraus, dass die Erfüllung einer Aufgabe schwieriger ist als gedacht. Insofern zeigt sich das Ziel aus Sicht beider Vereinbarungsparteien als zu ehrgeizig. Sie müssen das Ziel daher mit Ihrem Mitarbeiter – entsprechend der SMART-Kriterien – neu formulieren.

- Sie und Ihr Mitarbeiter gelangen nach Abschluss der Zielvereinbarungen zu neuen Erkenntnissen, die es ratsam erscheinen lassen, das Ziel zu verändern.

- Ressourcen, die Sie bei der Zielvereinbarung fest eingeplant hatten (z. B. Personal, Hilfsmittel, Geräte, Zuarbeiten), stehen Ihrem Mitarbeiter, der das Ziel erreichen soll, nicht in dem Ausmaß zur Verfügung, wie ursprünglich angenommen.

- Unvorhergesehene, äußere Ereignisse verändern die Rahmenbedingungen oder Prämissen, die Sie und Ihr Mitarbeiter zur Zeit der Zielvereinbarung zu Grunde gelegt hatten.

Leitfaden: Wie Sie Ziele anpassen

- Prüfen Sie in regelmäßigen Abständen die Gültigkeit der Ziele, die Sie mit Ihren Mitarbeitern vereinbart haben.

- Wenn Sie oder ein Mitarbeiter die oben dargestellten Veränderungen feststellen, wägen Sie genau ab, ob eine Anpassung der Zielvereinbarung wirklich notwendig und sinnvoll ist.

- Halten Sie die bisherige Zielerreichung des bisher vereinbarten Ziels fest.

- Legen Sie den Termin für das veränderte Ziel am besten so, dass Sie die Zielerreichung wieder im Rahmen der turnusmäßigen Mitarbeitergespräche überprüfen können.

Ziele im Team und pro Mitarbeiter

Haben Sie als Führungskraft selbst mit Ihrem Vorgesetzten Ziele vereinbart, die die gesamte Abteilung betreffen, können Sie diese an das gesamte Team oder einen Teil des Teams weitergeben. Teamziele sollten allerdings nur dann vereinbart werden, wenn alle Teammitglieder zugestimmt haben. Ein Team kann hierbei auch ein Sub-Team sein, z. B. die Gruppe der Laboranten einer Abteilung.

Pro Mitarbeiter sollten Sie nicht mehr als zwei bis drei Ziele vereinbaren. Empfehlungen, bis zu fünf Ziele zu vereinbaren, sind erfahrungsgemäß häufig praxisfremd, zumal in größeren Organisationseinheiten.

Wie Sie Ziele priorisieren

Wenn Sie mit einem Mitarbeiter mehrere Ziele vereinbaren, ist es möglich, diese zu priorisieren. Besprechen Sie die Gewichtung ebenfalls mit Ihrem Mitarbeiter, so dass er genau weiß, worauf es vor allem ankommt.

Beispiel: Ziele gewichten

Nr.	Zielvereinbarung	Gewich-tung
1	Das Projekt ABC ist am 15. Dezember dieses Jahres erfolgreich abgeschlossen.	50 %
2	Der Kollege B ist bis 30. November dieses Jahres in die Methode Z eingewiesen, so dass er diese Methode selbstständig anwenden kann.	40 %
3	Bis spätestens 1. Oktober dieses Jahres haben Sie für Ihre Bereichskollegen eine zweistündige Fortbildung über neue Entwicklungen beim Verfahren ABC durchgeführt.	10 %
Gesamtbewertung		100 %

Verschiedene Zieltypen

Wenn Sie mit Ihren Mitarbeitern Ziele vereinbaren, können sich diese Ziele an regulären, operativen (Routine-)Aufgaben ausrichten oder an anderen Aufgaben. Grob lassen sich fünf Zieltypen unterscheiden: Ziele, die sich auf die Stellenbeschreibung beziehen, auf neue Aufgaben, auf zusätzliche Aufgaben, auf die Steigerung der Leistung und auf die persönliche Entwicklung.

In der Regel ergibt sich eine sinnvolle Mischung verschiedener Zieltypen aus der Tätigkeit Ihrer Mitarbeiter. Doch kann es sich einschleichen, dass ein Mitarbeiter zum Beispiel nur noch Ziele erhält, die sich direkt aus seiner Stellenbeschreibung ergeben, und keine Ziele, die eine stärkere Herausforderung mit sich bringen. Das kann zwar richtig sein, wenn der Mitarbeiter an seine Leistungsgrenzen gekommen ist. Es kann ihn aber auch demotivieren, wenn er den Eindruck gewinnt, dass Sie ihm nichts anderes zutrauen.

> Prüfen Sie, ob die Ziele, die Sie mit Ihrem Mitarbeiter vereinbaren, auch in der Gesamtsicht eine motivierende Mischung ergeben.

Leitfaden: Fünf Zieltypen für eine sinnvolle Mischung

Ziele in Bezug auf die Stellenbeschreibung

Dies sind Ziele, die dem Mitarbeiter aufgrund der Beschreibung seiner Stelle zugeordnet werden können. Dazu werden Tätigkeiten aus dem operativen Bereich mit konkreten, objektivierbaren Zielen versehen. Dieser Zieltyp ist sicherlich der häufigste.

Beispiel: Mindestens 95 % der im Sekretariat eingereichten Diktate werden erfasst und innerhalb von 24 Stunden bearbeitet und versandt.

Ziele in Bezug auf neue Aufgaben

Dies sind Ziele, die sich auf neue Aufgaben, Methoden oder Verfahren beziehen.

Beispiel: Die neue CAD-Automation bis Ende des Quartals so beherrschen, dass im Schnitt täglich 120 Stück gefertigt werden können.

Ziele in Bezug auf zusätzliche Aufgaben

Dieser Zieltyp bezieht sich auf die vorübergehende Übernahme von Aufgaben, die über die eigentliche Stellenbeschreibung hinaus gehen.

Beispiel: Die Teilaufgabe M1 des Kollegen A bis zu dessen Rückkehr aus dem Krankenstand zusätzlich übernehmen.

Ziele in Bezug auf die Steigerung der Leistung

Bei diesem Zieltyp kommt es darauf an, dass der Mitarbeiter die bereits gute Qualität und Quantität seiner Arbeit noch einmal deutlich steigert.

Beispiel: Rückgang der Ausschussquote bei der Produktion von A-Teilen um 20% bis Ende November.

Ziele in Bezug auf die persönliche Entwicklung

Dieser Zieltyp richtet sich auf die Entwicklung des persönlichen Verhaltens. Es soll die Leistung in Bereichen optimiert werden, in denen der Mitarbeiter bisher weniger gut beurteilt wurde.

Beispiel (für einen Mitarbeiter, der sich wenig kollegial gezeigt hat): Einarbeitung einer neuen Mitarbeiterin in das Arbeitsgebiet X innerhalb von 2 Monaten, so, dass diese neue Kollegin anschließend in der Lage ist, 10 Vorgänge täglich selbstständig und nach ISO 9876 zu bearbeiten.

Ziele nicht an Defiziten ausrichten

Wichtig bei der Formulierung von Zielen ist, dass sie auf die Mitarbeiter herausfordernd und motivierend wirken. Ein Ziel, dass sich an einem Mangel – etwa einem fachlichen oder disziplinarischen Fehlverhalten – ausrichtet, kann letztlich nicht herausfordern. Denn dann ginge es nur darum, das zu erreichen, was eigentlich selbstverständlich sein sollte. Solche Ziele führen zu ungerechten und damit demotivierenden Zielvereinbarungen, insbesondere dort, wo diese an Leistungszulagen gekoppelt sind. Erreicht ein Mitarbeiter nur deshalb ein Ziel, weil er ein Defizit abstellt, so wäre er seinen Kollegen gegenüber im Vorteil, die sich durch die Erreichung eines Zieles von einer bisher bereits guten auf eine sehr gute Leistung gesteigert hätten. Dies gilt es dringend zu vermeiden.

Beispiel: Mitarbeiter kommt zu spät

 Einer Ihrer Mitarbeiter verspätet sich häufig. Er nimmt im Schnitt zwei Mal wöchentlich seine Arbeit etwa 15 Minuten später auf. Nun schlägt er Ihnen im Mitarbeitergespräch folgendes vor: Er wolle als sein persönliches Entwicklungsziel mit Ihnen vereinbaren, dass er ab sofort pünktlich zur Arbeit erscheint.

Vereinbaren Sie grundsätzlich Ziele, die herausfordernd sind. Defizitorientierte Ziele widersprechen nicht nur den SMART-Kriterien, weil sie eben alles andere als anspruchsvoll sind. Sie würden auch zu einer ungerechten Verwerfung des Zielsystems führen. Defizite im disziplinarischen oder fachlichem Verhalten sowie die Nichtbefolgung von (Sicherheits-) Vorschriften sind kein Thema für Mitarbeiter- oder Zielvereinbarungsgespräche. Solche Themen sind vielmehr Anlass für ein zeitnahes Konflikt- oder Personalgespräch.

Zielvereinbarungen protokollieren

Wenn Sie Ziele vereinbaren, sollten Sie dies auch dokumentieren. Ansonsten verlieren Sie schon bei drei oder vier Mitarbeitern schnell den Überblick. Mittels der Kalenderfunktion in vielen Mailprogrammen können Sie die vereinbarten Ziele an jeden Mitarbeiter versenden und terminlich nachverfolgen. Dazu können Sie das unten stehende Formular ausfüllen und an die E-Mail anhängen.

Leitfaden: Ziele protokollieren

Name Mitarbeiter/in	
Name Vorgesetzte/r	
Datum Zielvereinbarung	
Datum Beurteilung	
Ziel 1:	**Gewichtung ... %**
Rahmenbedingungen	
Kriterien für Messbarkeit	
Zielerreichung	
Ziel 2:	**Gewichtung ... %**
Rahmenbedingungen	
Kriterien für Messbarkeit	
Zielerreichung	
Ziel 3:	**Gewichtung ... %**
Rahmenbedingungen	
Kriterien für Messbarkeit	
Zielerreichung	
Gesamtbewertung der Zielerreichung in Prozent	

Entwicklungsziele vereinbaren

Selbstverständlich ist, dass Sie im Rahmen des Mitarbeitergesprächs die Leistung Ihrer Mitarbeiter rückblickend beurteilen. Doch stehen hier zumeist die harten Leistungsfaktoren, wie Quantität, Arbeitsqualität und fachliche Kompetenz im Fokus.

Ich empfehle Ihnen, diesen Bereich zu erweitern und auch die sehr wichtigen weichen Faktoren mit einzubeziehen. Denn ein Mitarbeiter, der im Team nach dem Motto verfährt: „Wissen ist Macht; und damit ist es allein bei mir am besten aufgehoben!" ist langfristig eben nur ein suboptimaler Mitarbeiter und Kollege. Ein Teammitglied, das beständig Probleme entdeckt, Fehler bei anderen sucht und lamentiert, ohne selbst konstruktive Lösungen beizutragen, mag fachlich geschätzt sein, aber selten wirklich akzeptiert.

Erst die Bereitschaft, auch in den Bereichen der weichen Faktoren Leistung zu erbringen, macht einen fachlich guten letztlich zum wertvollen Mitarbeiter.

Was sind weiche Leistungsfaktoren?

Die weichen Faktoren werden häufig unterschätzt. Doch stehen Sie in einer engen Verbindung zur Motivation eines Mitarbeiters und beeinflussen so seine Leistung und die Leistung anderer.

Leitfaden: Die wichtigsten weichen Leistungsfaktoren

- konkrete Umgangsformen wie Hilfsbereitschaft und Freundlichkeit

- Kommunikationsverhalten, z. B. Informationen zu liefern und einzufordern

- analytische Fähigkeiten, z. B. Aufgaben und Probleme zu erkennen und anzupacken

- kreative Fähigkeiten, z. B. Lösungsmöglichkeiten zu entwickeln

- Verhaltensformen wie Verlässlichkeit, z. B. bei der Auftragsvergabe oder Delegation von Aufgaben

- Tugenden wie Pünktlichkeit, Termintreue, Genauigkeit

So gehen Sie vor

Das A und O des Feedbacks im Bereich der weichen Faktoren ist, konkret zu beschreiben, was genau man erwartet. Teilen Sie dies Ihrem Mitarbeiter im Gespräch mit. Achten sie darauf, dass Sie dieses Feedback nicht negativ formulieren, sondern positiv, z. B.: „Ich wünsche mir, dass Sie Ihr umfangreiches Fachwissen stärker mit Ihren Kollegen teilen."

Der zweite Schritt besteht darin, diese Aufforderung in ein Ziel zu übernehmen und damit der konkreten Beschreibung eine ebenso konkrete Aufgabe folgen zu lassen. Hier bieten sich die Zielvereinbarungen an.

Beispiel: Defizite im weichen Leistungsbereich

 Einer Ihrer Mitarbeiter, der Techniker Werner Schmidt, zeichnet sich durch sehr gute Arbeit aus, bildet sich fort, ist ehrgeizig, fleißig und in Arbeitsqualität und -quantität überdurchschnittlich. Jedoch ist Werner Schmidt der geborene Eigenbrötler, der viel weiß und kann, aber selten – und wenn, dann nur auf ausdrückliches Verlangen – sein Wissen an weniger erfahrene Kollegen weitergibt. Der Abteilungsleiter hat dies erkannt und er teilt ihm im Mitarbeitergespräch einerseits zwar sein Wertschätzung für seine Arbeitsleistung mit, sagt ihm andererseits aber auch, dass er von ihm erwartet, sein Wissen und seine Erfahrungen an Kollegen weiterzugeben.

Anstatt es bei der Kritik an diesem Punkt zu belassen, haben Sie die Möglichkeit, ein Entwicklungsziel zu vereinbaren. Sie schlagen Ihrem Mitarbeiter ein Ziel vor, durch dessen Erfüllung er sich im entsprechenden Leistungskriterium zukünftig verbessern wird. Dazu könnte – analog zum obigen Beispiel – folgende Vereinbarung getroffen werden:

Beispiel: Entwicklungsziel vereinbaren

 Werner Schmidt wird die neue Mitarbeiterin, Anne Weber, die ebenfalls Technikerin ist, in den ersten beiden Monaten betreuen. Frau Weber ist dem Team als Praktikantin bereits bekannt. Herr Schmidt soll nun Frau Weber vom 1. April bis 31. Mai in das Produktionsverfahren Z so einarbeiten, dass sie in der Lage ist, es ab Anfang Juni selbstständig und – bis auf nicht vermeidbare Störungen – fehlerfrei anzuwenden.

Vorteile von Entwicklungszielen

Aus der Kommunikations- und Konfliktforschung wissen wir, dass nicht nur Kulturen wie die asiatische sehr sensibel auf

Kritik reagieren. Die kränkende Wirkung, die (reine) Kritik auszulösen vermag, wird in unseren Kulturkreisen häufig unterschätzt. Daher haben Entwicklungsziele große Vorteile gegenüber einer kritischen Rückmeldung.

Checkliste: So nutzen Sie die Vorteile von Entwicklungszielen

- Belassen Sie es im Mitarbeitergespräch nicht bei einer passiven Leistungsbeurteilung oder bei einer kritischen Rückschau.

- Machen Sie dem Mitarbeiter konkret deutlich, was genau Sie von ihm erwarten.

- Sie vereinbaren mit Ihrem Mitarbeiter genau, mit welchen erwünschten Verhaltensweisen er eine bessere Leistungsbeurteilung erreichen kann.

- Verdeutlichen Sie ihm das diesbezügliche Ziel ebenso wie den Nutzen für sich und sein Team.

- Der Mitarbeiter erfährt durch neue Verhaltensweisen auch von Kollegen Wertschätzung – eine für ihn eventuell neue Erfahrung, die im Idealfall auf Fortsetzung des Verhaltens hoffen lässt.

In die Zukunft gerichtete Erwartungen wirken motivierender als rückwärtsgerichtete Kritik. Erwartungen weisen nicht in erster Linie auf den Mangel hin, sondern auf das Ziel. Konzentrieren Sie sich daher auf das konsequente Aufzeigen von erreichbaren Zielen!

Mitarbeiter entwickeln

Als drittes großes Thema gehört zu einem Mitarbeiterge-spräch neben der Leistungsbeurteilung und der Zielvereinba-rung die Frage nach der Weiter- und Fortbildung Ihres Mitar-beiters. Die Personalentwicklung gehört zu Ihren zentralen Aufgaben als Führungskraft. Es sind Ihre Mitarbeiter, mit denen Sie Ziele erreichen wollen. Daher müssen Sie wissen, welche Ihrer Mitarbeiter Qualifizierungsbedarf haben. Und schließlich liegt gerade im Instrument der Personalentwick-lung ein wichtiges Motivationspotenzial, das häufig nicht ausreichend genutzt wird.

Leitfaden: Mitarbeiterentwicklung – so gehen Sie vor

1 Sie überlegen im Mitarbeitergespräch gemeinsam mit Ihrem Mitarbeiter, welche Veränderungen notwendig sind, damit eine weniger optimale Leistungsbewertung verbessert werden kann.

2 Sie prüfen gemeinsam, welche Weiterbildungsangebote Ihren Mitarbeiter bei der Zielerreichung unterstützen.

3 Sie protokollieren am Ende des Gesprächs den fachlichen und fachübergreifenden Bedarf Ihres Mitarbeiters an Fort- oder Weiterbildung.

4 Sie leiten den Bedarf an die Personalabteilung weiter. Diese wird individuell bedarfsgerecht die Weiterbildung für Ihre Mitarbeiter planen.

Wenn Sie im Mitarbeitergespräch mit dem Mitarbeiter Vereinbarungen über Fort- und Weiterbildungen treffen, sollten diese konkret abgestimmt werden, in größeren Organisationen mit den Fachabteilungen, z. B. der Personalabteilung oder der Abteilung für Personalentwicklung.

Leitfaden: Weiterbildung anfordern

Personalentwicklungsbedarf	
Name Mitarbeiter/in	
Abteilung	Telefon
Name Vorgesetzte/r	
Abteilung	Telefon
Welche Qualifikation wird benötigt?	
Welches Thema / welcher Inhalt soll vermittelt werden?	
Was ist das Ziel der Maßnahme?	
Für welche Funktionen (Projekt-, Abteilungsleitung etc.) bzw. welche Aufgaben wird die Qualifikation benötigt?	

Auf welchen Vorkenntnissen und Erfahrungen
kann die Weiterbildung aufbauen?

Welche Lernform entspricht den Erfordernissen?

☐ Seminar ☐ Training ☐ Hospitation ☐ Lehrgang

Bestehen terminliche Einschränkungen?

Vorkenntnisse zum Weiterbildungsthema

☐ keine ☐ Grundkenntnisse ☐ fundierte Kenntnisse

Dringlichkeit der Maßnahme

☐ sehr dringend ☐ möglichst bald ☐ bei Gelegenheit

Spätester Umsetzungstermin

Der Bedarf für diese Maßnahme ist zwischen Mitarbeiter
und Führungskraft abgesprochen ☐ ja ☐ nein

Sind die ungefähren Kosten bekannt? ☐ ja ☐ nein

Höhe der Kosten

Feedback von den Mitarbeitern einholen

Führungskräfte sollten nicht nur dem Mitarbeiter eine Rückmeldung über dessen Leistungen geben. Sie sollten auch umgekehrt den Mitarbeitern regelmäßig die Gelegenheit geben, ein systematisches Feedback zum Führungsverhalten Ihres Vorgesetzten zu äußern.

Vorteile des Mitarbeiterfeedbacks

Sicherlich haben Sie schon die Erfahrung gemacht, dass die beabsichtigte und die erzielte Wirkung Ihres Führungsverhaltens nicht immer übereinstimmen. Hier kann Ihnen das Feedback Ihrer Mitarbeiter helfen, Ihr Verhalten weiterzuentwickeln.

- Sie erfahren, welche Erwartungen und Wünsche Ihre Mitarbeiter haben.

- Sie können Ihr eigenes Führungsverhalten besser reflektieren, wenn Sie die Sichtweise Ihrer Mitarbeiter kennen. Das bedeutet jedoch nicht, dass Sie Ihr Führungsverhalten ausschließlich nach der Befindlichkeit Ihrer Mitarbeiter ausrichten.

Vorgehensweise und Themen

Wer sich als Führungskraft im Mitarbeitergespräch nach Leistungsbeurteilung und Zielvereinbarung zurücklehnt und den Mitarbeiter für die letzten fünf bis zehn Minuten des Gesprächs um eine offene Rückmeldung bittet, wird kaum Neues erfahren. In der Regel wird eher ein peinliches Schweigen folgen oder wenig aussagefähige Antworten, wie: „Im Prinzip bin ich ganz zufrieden. Schön wäre es vielleicht, wenn Sie etwas häufiger in der Abteilung präsent sein könnten. Aber wir wissen ja alle, wie beschäftigt Sie sind!"

Durch Fragen führen

Führungskräfte, die mehr als vorsichtige Allgemeinplätze hören möchten, sollten bei einem Feedback durch ihre Mitarbeiter gezielt vorgehen. Es gilt, was Johann Wolfgang von Goethe trefflich formuliert hat: „Wenn du eine weise Antwort verlangst, musst du vernünftig fragen." Vernünftig zu fragen, heißt in diesem Kontext, das Führungsverhalten in konkrete Verhaltensaspekte aufzuteilen und den Mitarbeiter genau hierzu zu befragen.

Leitfaden: Wichtige Themen des Mitarbeiter-Feedbacks

- Kommunikation von Unternehmensvision, Zielen, Strategien, Prozess- und Strukturplänen an die Mitarbeiter

- Übertragung von Verantwortung an die Mitarbeiter und Delegation von Aufgaben zur selbstständigen Durchführung

- Ausdruck von Lob und Wertschätzung gegenüber den Mitarbeitern

- Ansprechbarkeit für persönliche Anliegen der Mitarbeiter

Den folgenden Feedback-Bogen (siehe Seite 96) können Sie auf zwei Arten zur Unterstützung des Gesprächs einsetzen:

Leitfaden: So setzen Sie den Feedback-Bogen ein

- **Feedback-Bogen als Gesprächsleitfaden**

  – Sie händigen den Bogen nicht an Ihren Mitarbeiter aus, sondern gehen Schritt für Schritt die einzelnen Fragen durch und machen sich dazu stichwortartig Notizen. Das Feedback Ihres Mitarbeiters erfolgt auf diesem Weg sehr spontan.

  – Diese Variante erfordert eine bereits bestehende, grundsätzliche Offenheit im Verhältnis zwischen beiden Gesprächspartnern.

- **Feedback-Bogen als anonymer Fragebogen**

  – Sie verteilen den Fragebogen im Vorfeld des Gesprächs an Ihre Mitarbeiter. Diese füllen ihn aus und lassen ihn z. B. über eine Vertrauensperson einsammeln.

  – Wenn Sie diese Variante wählen, müssen Sie auf jeden Fall vorher den Betriebs- bzw. Personalrat und die Personalabteilung informieren. Fragebögen unterliegen in der Regel der Mitbestimmungspflicht.

  – Wenn Sie die Mitarbeiter auf diese Weise kollektiv befragen, sollten Sie sie auch über das Ergebnis und die daraus resultierenden Schlussfolgerungen und Änderungsabsichten informieren.

Führungsverhalten bewerten

Bitten Sie Ihre Mitarbeiter, im folgenden Feedback-Bogen Aussage für Aussage durchzugehen und eine der Bewertungsmöglichkeiten anzukreuzen. Die Skala bietet dazu drei Stufen an von 1 (sehr schwach) bis zu 3 (sehr stark).

Am Ende des Fragebogens besteht die Möglichkeit, ein eigenes Feedback zu formulieren.

Leitfaden: Fragebogen für Feedback der Mitarbeiter

Mein Vorgesetzter erläutert mir neue Aufgaben im Gesamtzusammenhang mit den notwendigen Hintergrundinformationen.	①	②	③
Er macht mir deutlich, worauf es ihm ankommt. Ich kenne seine Vision, Ziel-, Strategie-, Prozess- und Strukturwünsche.	①	②	③
Er sorgt dafür, dass ich rechtzeitig über Angelegenheiten informiert werde, die für mich wichtig sind.	①	②	③
Er lässt mich meine Aufgaben nach meinen eigenen Vorstellungen durchführen.	①	②	③
Er teilt mir mit, wie zufrieden er mit meinen Leistungen ist.	①	②	③
Er bespricht mit mir, wie meine Fähigkeiten und Kenntnisse gefördert und entwickelt werden können.	①	②	③

Er überträgt mir auch höherwertige Aufgaben, damit ich mich weiterqualifizieren kann.	①	②	③
Er unterstützt leistungsschwächere Kollegen/-innen dabei, mehr Selbstsicherheit und Selbstständigkeit zu erlangen.	①	②	③
Er macht sich ein Bild von den Bedürfnissen und Wünschen seiner Mitarbeiter.	①	②	③
Er ist ansprechbar für persönliche Anliegen seiner Mitarbeiter.	①	②	③
Er zieht mich und/oder andere Kollegen bei übergreifenden Entscheidungen hinzu, wenn wertvolle Erkenntnisse beigesteuert werden können.	①	②	③
Er beteiligt seine Mitarbeiter an Entscheidungen, die unseren Arbeits- und Aufgabenbereich betreffen.	①	②	③
Er fordert Feedback und Anregungen von seinen Mitarbeitern.	①	②	③
Er setzt sich ernsthaft auch mit Ansichten und Interessen seiner Mitarbeiter auseinander, die zu seiner Meinung entgegengesetzt sind.	①	②	③
Es gelingt ihm, ein solides Vertrauensverhältnis zu seinen Mitarbeitern zu entwickeln.	①	②	③
Er kann Kritik vertragen und gibt eigene Fehler offen zu.	①	②	③

Er ändert seine Meinung, wenn seine Mitarbeiter bessere Argumente haben.	①	②	③
Er führt in Diskussionen mit unterschiedlichen Standpunkten die Meinungen der Beteiligten zusammen, um einen gemeinsamen Nenner zu erreichen. So gelingt es ihm, ein Team zu formen.	①	②	③
Er drückt sich klar und verständlich aus.	①	②	③
Er ist bei weniger leistungsbereiten Mitarbeitern bereit und in der Lage, konkrete Leistungen einzufordern (notfalls auch mit Ankündigung von Konsequenzen).	①	②	③
Es gelingt ihm, im Team Konflikte und Probleme offen anzusprechen und eine Lösung zu finden.	①	②	③
Er kann Aufgaben kann gut delegieren und bei der Aufgabenvergabe loslassen.	①	②	③

Was wünsche ich mir von meiner Führungskraft?
(Max. 2 Verhaltensweisen)

1.

2.

Neu auf dem Chefsessel

Sie haben es geschafft und sind jetzt Führungskraft. Jetzt heißt es, sich rasch zu orientieren, Ihre Arbeit strukturiert anzugehen und mit Erwartungen und Ängsten umzugehen.

In diesem Kapitel lesen Sie,

- wie Sie sich als ehemaliger Kollege bewähren und Profil gewinnen (S. 100),
- wie Sie Veränderungen angehen und durchsetzen, ohne Ihre neuen Mitarbeiter zu verschrecken (S. 107),
- wie sie Ihre Mitarbeiter von Ihren Führungsfähigkeiten und Ihrem Konzept überzeugen (S. 112) und
- wie Sie sich mit einem Coaching Unterstützung holen können (S. 116).

Gestern Kollege – heute Chef

Sie sind bereits seit längerem im Unternehmen tätig und entwickeln sich vom normalen Mitarbeiter bzw. Kollegen zum Vorgesetzten. Vielleicht sind einige der Ihnen nun unterstellten Mitarbeiter sogar wesentlich länger im Unternehmen als Sie. Möglichweise haben Sie darüber hinaus einige Kollegen auf deren persönlicher Karriereleiter überholt.

Im schlimmsten Fall gibt es deshalb einzelne Mitarbeiter, die Ihnen die neue Führungsrolle neiden.

Die ersten Schritte

In etlichen Unternehmen werden zukünftige Führungskräfte auf ihre neuen Posten in Schulungen und Trainings vorbereitet. Das ist nicht immer so und auch die Unterstützung durch die „alten Hasen" ist nicht immer gegeben. Um so wichtiger ist es, das Heft selbst in die Hand zu nehmen und sich gut vorzubereiten, damit Sie die Herausforderung erfolgreich meistern.

Checkliste: Vorbereitung auf die Führungsrolle

Signalisieren Sie Ihre Bereitschaft

- Falls Sie sich die Herausforderung einer Führungsaufgabe grundsätzlich zutrauen, signalisieren Sie Ihre Bereitschaft deutlich und an den richtigen Stellen. Das tun Sie z. B. auch indirekt, indem Sie Informationen einholen, die für Sie zentral sind:

- Klären Sie mit Ihrer (neuen) oberen Führungsebene oder auch mit der Personalabteilung, was diese genau von Ihnen erwarten.

- Fragen Sie, wo man Änderungen erwartet und welche Prozesse oder Formen der Zusammenarbeit Bestand haben sollen.

Klären Sie Verantwortung und Befugnisse

- Selbstverständlich müssen Sie wissen, wo Ihre Verantwortlichkeiten und Befugnisse liegen. Aber auch, wo diese begrenzt sind. Fordern Sie dazu genaue Angaben von Ihrem Vorgesetzten.

- Schließen Sie zur Konkretisierung der an Sie gestellten Erwartungen Zielvereinbarungen mit Ihrer übergeordneten Führungskraft ab.

- Lassen Sie sich bei der Zielvereinbarung nicht auf überzogene Forderungen ein (Überforderung hilft niemandem oder – wie der Volksmund sagt: „Übermut tut selten gut"!)

Trainieren Sie sich

- Bitten Sie Ihre übergeordnete Führungskraft oder die Personalabteilung darum, dass Sie bereits im Vorfeld Ihres neuen Jobs an einem Führungskräfte-Training oder einem gezielten Coaching zur Vorbereitung teilnehmen können. Sie müssen sich vorbereiten – lassen Sie sich nicht abspeisen mit Formulierungen wie „Das schaffen Sie schon!"

- Sollten Sie bisher noch nicht an einem Führungstraining teilgenommen haben, holen Sie dies baldmöglichst nach.

- Sollte Ihr Arbeitgeber Sie hierbei nicht tatkräftig unterstützen, organisieren Sie sich selbst solche Maßnahmen. Angebote finden Sie gegebenenfalls mit Hilfe des Betriebsrates, der Industrie- und Handelskammer, der Volkshochschulen und im Internet. Auch wenn Sie die Kosten selbst tragen müssten: Bei einem guten Training macht sich die Investition später bezahlt.

Umgang mit den Kollegen

- Haben Sie sich mit einzelnen oder allen Kollegen geduzt, dann bleiben Sie dabei. Mit Ihrer neuen Rolle formell das „Sie" einzuführen, würden Ihre ehemaligen Kollegen als befremdliche Distanzierung wahrnehmen.

Planen und informieren Sie

- Machen Sie einen Plan über Ihre Ziele, Aufgaben, Verhaltensweisen und Ihre Erwartungen an das Team bzw. einzelne Mitarbeiter. Ziehen Sie dazu Hilfe heran. Möglicherweise können Sie einen erfahrenen Kollegen aus der Führungsebene fragen, ob er sie als Mentor begleiten will. Oder Sie suchen sich einen Coach (siehe Seite 118).

- Lassen Sie Ihre Mitarbeiter bald wissen, wie und was Sie zukünftig ändern und was Sie belassen wollen.

- Bleiben Sie bezüglich Ihrer Zielsetzung realistisch. Gehen Sie dabei konsequent, aber auch mit der nötigen Geduld gegenüber sich selbst und Ihren neuen Mitarbeitern vor.

Erwartungen kennen und den eigenen Weg finden

Wenn Sie in einer neuen oder ersten Führungsfunktion stehen, werden Sie von Ihren neuen Mitarbeitern, Kollegen und Vorgesetzen automatisch mit Ihrem Vorgänger verglichen. Hierbei gibt es die Erwartung, dass Sie entweder möglichst viel oder aber nichts Wesentliches ändern sollen.

Wie auch immer die Erwartungen sind: Gehen Sie bedacht vor und reflektieren Sie die unterschiedlichen Erwartungen. Überlegen Sie schließlich, wie Sie vorgehen wollen, und begründen Sie Ihre Entscheidungen.

Leitfaden: Was möchte ich anders machen?

Was	Kennzeichen meines Vorgängers	Was möchte ich (anders) machen?
Zielsetzung • Vision • Ziele		
Strategie • Schwerpunkte • Prioritäten		
Kommunikation • Form • Foren		

• Medien		
• Stil		
Führungsstil		
• Delegation		
• Partizipation		
• Problemlösung		
Verantwortung		
• Verbindlichkeit		
• Befugnisse		
• Freiräume		
Sonstiges		

Chef im neuen Job

Wenn Sie in Ihrer ersten Führungsposition bei einem neuen
Arbeitgeber starten, befinden Sie sich in einer ganz besonde-
ren Situation: Sie tragen Verantwortung für Abläufe und
Produkte, die Sie noch nicht kennen. Der größte Teil, wenn
nicht gar alle, Ihrer Mitarbeiter und Kollegen wird Ihnen
fremd sein. Und Sie verfügen noch nicht über ein informelles
und unterstützendes Netzwerk. Daher ist es wichtig, dass Sie
sich gut vorbereiten und alle Ihre Sinne auf Empfang stellen.

Leitfaden: So finden Sie sich im neuen Unternehmen zurecht

Klären Sie Ziele, Erwartungen und Befugnisse

- Ebenso wie es viele Mitarbeiter gibt, die nicht genau wissen, was von ihnen erwartet wird, finden sich nicht wenige Führungskräfte, die unter diesem Umstand leiden. Klären Sie deshalb die in Sie gesetzten Erwartungen, Ihre Befugnisse, Verantwortungsbereiche und Ihre Ziele.

- Sorgen Sie dafür, dass alle formalen Aspekte Ihrer Funktion z. B. im Rahmen einer Tätigkeitsbeschreibung auch schriftlich niedergelegt sind.

Halten Sie zu Beginn etwas Distanz

- Um sich nicht zwischen persönlichen und fachlichen Ansprüchen zu verzetteln, ist ein wenig Distanz zu Beginn nützlich. Sie bekommen für das Geschehen einen klareren und umfassenderen Blick, wenn Sie mit einiger Entfernung darauf schauen.

- Versuchen Sie nicht, zu schnell zu viel Nähe herzustellen. Lassen Sie sich Zeit. Wer meint, sich durch persönliche Nähe Vorteile erkaufen zu können, indem er den neuen Mitarbeitern jovial das „Du" anbietet, der irrt.

- Dies bedeutet nicht, sich abweisend oder arrogant zu verhalten, im Gegenteil. Wer „den Chef rauskehrt", verliert bereits zu Beginn Sympathien.

- Achten Sie bei der Wahl der persönlichen Ansprache
  („Du" oder „Sie") auf die gelebte Kultur im Unternehmen.
  Wenn das „Du" an Ihrem neuen Arbeitsplatz allgemein
  üblich ist, sollten Sie sich diesem Brauch nicht aufgrund
  eigener Prinzipien verschließen.

Informieren Sie sich aktiv über informelle Strukturen und implizite Regeln

- Sie geben sich keine Blöße, wenn Sie Ihre Mitarbeiter
  oder Kollegen nach Zusammenhängen, Fakten und Prozessen fragen.

- Sie zeigen vielmehr Souveränität, indem Sie Ihre Lernbe-
  reitschaft und -fähigkeit unter Beweis stellen und eben
  nicht vorgeben, schon alles zu kennen und zu wissen. Sie
  verschaffen sich mit dieser Haltung mehr Sympathien als
  wenn Sie als ein sich selbst überschätzender Überflieger
  auftreten.

- Versuchen Sie so schnell wie möglich, informelle Strukturen und unausgesprochene Regeln des Arbeitsbereiches in
  Erfahrung zu bringen.

- Versuchen Sie z. B., im nächsten Meeting mit gleichrangigen Führungskräften mit Kollegen Kontakt aufzuneh-
  men, die Ihnen sympathisch und aufgeschlossen begegnen.

- Bitten Sie solche Kollegen zu einem Austausch, z. B. beim
  Mittagessen, und fragen Sie offen, wo die kulturellen
  Fettnäpfchen liegen und wie mit Werten wie Pünktlich-

keit, Umgangsformen, Informationsaustausch etc. umgegangen wird.

- Nutzen Sie – so vorhanden – die Empathie, die Ihnen als neuem Kollegen entgegengebracht wird.

Keine vorschnellen Urteile und negativen Bemerkungen

- Verkneifen Sie sich zu positive oder zu negative Kommentare über Ihren Vorgänger.

- Sollten Ihnen hierzu Informationen zufließen, sprechen Sie diese als Gerüchte gegenüber vertrauensvollen Kollegen oder Vorgesetzten offen an.

- Beziehen Sie dabei weniger Position, sondern fragen Sie, was Ihr Gegenüber davon weiß oder hält. Denken Sie daran: Wer fragt, hat immer recht! Wer dagegen andere (vorschnell) beurteilt, wagt vielleicht mehr als ihm bewusst ist. Machen Sie sich erst in Ruhe und mit Sorgfalt ein Bild, bevor Sie Personen oder Gewohnheiten (offen) bewerten.

Veränderungen angehen

„Neue Besen kehren gut", meint der Volksmund und viele Führungskräfte, die neu in ihrem Job sind, glauben daran. Doch ist es auch wichtig, Vorsicht walten zu lassen, denn rasch kann beim Kehren wertvolles Porzellan zerschlagen werden.

Die Weichen für Veränderungen stellen

Einerseits mögen wir Neuerungen, die mehr Effizienz versprechen und das Leben angenehmer machen. Jede neue technische Errungenschaft, jedes neue Auto oder Computerprogramm gehört zu dieser Kategorie des Fortschritts.

Andererseits strebt der Mensch nach Sicherheit und Vertrautheit. So nützlich ein neues Verfahren oder Werkzeug auch sein mag: Bewährtes und Gewohntes ist uns vertraut, während alles Neue erst einmal als unbekannte Größe auf uns zukommt. Wenn eine Neuerung in unser Leben tritt, so können wir meist noch nicht sicher einschätzen, ob und wie gut wir damit zurechtkommen werden, während das Gewohnte uns Sicherheit gibt. Ein altes italienisches Sprichwort sagt in diesem Zusammenhang: „Wer zu neuen Ufern aufbricht, weiß, was er zurücklässt, aber er weiß nicht, was er vorfinden wird." Die Unkenntnis löst Gefühle aus, die sowohl positiv als auch negativ sein können.

Dieser Zwiespalt zeigt sich genauso, wenn Sie als neue Führungskraft in Ihrem Team oder in Ihrer Abteilung Gewohntes verändern wollen. Wer von Ihren Mitarbeitern mehr Sicherheit braucht und wer stärker zu Neuerungen neigt, ist sehr von persönlichen Prägungen, Erfahrungen und Einstellungen abhängig. Für Sie ist es deshalb wichtig, Ihre neuen Mitarbeiter bald in dieser Hinsicht einschätzen zu können. Denn je mehr Ängste Sie ihnen nehmen und je mehr Mut Sie machen können, je klarer Sie vermitteln, warum die Veränderungen für Ihre Mitarbeiter positiv sind, desto motivierter werden sie Ihnen folgen.

Checkliste: Als Neuling Änderungen umsetzen

- Spüren Sie die Möglichkeiten der Optimierung von Abläufen und Strukturen auf, solange sich bei Ihnen noch keine Betriebsblindheit eingestellt hat.

- Befragen Sie Ihre Mitarbeiter, Vorgesetzten und Kollegen, auf welche Veränderungen sie möglicherweise seit längerem hoffen und warten.

- Andererseits ist es nicht ratsam, in Aktionismus zu verfallen. Gehen Sie umsichtig vor, wenn es Aufgaben, Prozesse oder Strukturen zu verändern gilt.

- Starten Sie notwendige Veränderungen konsequent und zügig, aber vermeiden Sie es, zu viele Dinge gleichzeitig ändern zu wollen.

- Geben Sie Ihrem neuen Team Gelegenheit, eine Aufgabe nach der anderen erfolgreich zu lösen und sich als Team selbst zu beweisen, was sie alles zu schaffen in der Lage sind. Dies schafft Vertrauen und Zuversicht gegenüber Veränderungen.

- Sind Änderungen notwendig, die möglicherweise von Ihrem Vorgänger noch nicht umgesetzt wurden, sollten Sie nicht zu lange warten, damit verbundene Maßnahmen anzugehen.

- Menschen, die zu Veränderungen geführt werden sollen, müssen die Gründe und Ziele von Veränderungsmaßnahmen kennen. Sorgen Sie dafür, dass Ihre Mitarbeiter diese Informationen umfassend und zeitnah erhalten.

Das neue Selbst-Konzept klären

Mit Ihrer neuen Führungsaufgabe sind unterschiedliche Erwartungen verbunden. Die Unternehmensleitung erwartet z. B. Entscheidungen, die Ihr Vorgänger nicht getroffen hat, oder die Umsetzung bestimmter Maßnahmen, die bereits beschlossen wurden. Innerhalb dieser unterschiedlichen Erwartungen, Hoffnungen oder Befürchtungen brauchen Sie schnellstmöglich eine eigene Orientierung. Um diese herzustellen, gehen Sie am besten wie folgt vor:

Leitfaden: Orientierung als Führungskraft finden

- **Klären Sie die Erwartungen**
  Klären Sie die Hoffnungen und Erwartungen, die Ihre Vorgesetzten, gleichrangigen Kollegen und Mitarbeiter in Sie setzen. Fragen Sie aktiv danach und lassen Sie die Aussagen begründen: Was erwartet man genau? Warum sollte dieses oder jenes umgesetzt werden? Wie sollte dies erfolgen?

- **Positionieren Sie sich und grenzen Sie sich ab**
  Stellen Sie für sich klar, welche dieser Erwartungen Sie erfüllen wollen (können) und welche nicht. Versuchen Sie nicht, allen Erwartungen gleichermaßen gerecht zu werden. Denken Sie an das englische Sprichwort: „Everybody's darling is everybody's fool!"
  Sie gewinnen an Respekt und Glaubwürdigkeit, wenn Sie sich gegenüber einigen Erwartungen – auch gegenüber

denen Ihrer Vorgesetzten – abgrenzen. Dies setzt natürlich voraus, dass Sie genau begründen, warum Sie bestimmte Erwartungen nicht erfüllen wollen oder können und was Ihre Alternativen sind.

- **Fordern Sie Unterstützung ein**
Werden von Ihren neuen Vorgesetzten besonders anspruchsvolle Ziele oder Erwartungen formuliert, fordern Sie rechtzeitig Unterstützung ein. Lassen Sie Ihre Auftraggeber nicht in dem Glauben, dass Sie Wunder in Serie vollbringen können, wo andere bereits den Beweis angetreten haben, das genau dies nicht so einfach ist.

- **Vereinbaren Sie Prioritäten**
Einigen Sie sich auf Prioritäten, wenn Sie vor lauter Herausforderungen nicht mehr wissen, wo genau Sie beginnen sollen. Machen Sie sich dabei die Grundsätze der Zielvereinbarungen (siehe Seite 73 f.) zu eigen. Dies schafft Transparenz und Verbindlichkeit.

- **Entwickeln Sie Ihr Führungskonzept**
Klären Sie Ihr eigenes Führungskonzept, sobald Sie Ihre Vorgesetzten, Kollegen, Mitarbeiter und Aufgaben kennen. Nach den berühmten 100 Tagen sollten Sie selbst sowie Ihre Mitarbeiter genau wissen, was Sie mit welchen Methoden oder Prozessen wie erreichen wollen.

- **Holen Sie sich Hilfe**
Machen Sie sich das Leben leichter und suchen Sie sich von Beginn an einen erfahrenen Coach. Dieser kann Sie als Scout begleiten und mit Ihnen Ihren Weg zum Erfolg effizienter gestalten (Seite 118)

Die Mitarbeiter ins Boot holen

Jeder neue Vorgesetzte ist für die Mitarbeiter erst einmal ein unbeschriebenes Blatt. Das gilt selbst dann, wenn der Neue aus der eigenen Gruppe zum Chef gemacht wurde. Schließlich wissen auch dann die Mitarbeiter zunächst nicht, mit welchen neuen Ideen, Plänen, Zielen und möglicherweise konkreten Vorhaben der vormalige Kollege beziehungsweise die neue Führungskraft antreten wird. Neu berufene Führungskräfte machen allzu oft den Fehler, unausgesprochene Fragen und Befürchtungen der Mitarbeiter auszuklammern – eine Unterlassung, die sich später oft rächt, weil die Beantwortung dieser Fragen für die Motivation und Identifikation der Mitarbeiter zentral ist.

> Wenn Sie wissen, was Ihre Mitarbeiter bewegt, können Sie dies in Ihre Überlegungen und Planungen einbeziehen. Ihr Ziel sollte es dabei nicht sein, jeden einzelnen Wunsch der Mitarbeiter zu erfüllen oder jede Befürchtung von vorne herein kategorisch auszuräumen.

Was sich Ihre Mitarbeiter fragen

Wenn es um Konflikte geht, wird häufig empfohlen, sich in die Situation des Gegenübers hineinzuversetzen. Sie werden vielleicht aus eigener Erfahrung wissen, dass das nicht immer einfach ist. In der Situation, in der Sie als neue Führungskraft auftreten, wird das wahrscheinlich anders sein, denn Sie selbst haben ja auch als Führungskraft Vorgesetzte. Daher wird es Ihnen nicht so schwer fallen, sich in Ihre Mitarbeiter hineinzuversetzen. Und wenn Sie viel von dem tun, was Sie

Ihrerseits von einer Führungskraft erwarten, dann liegen Sie tendenziell auf der richtigen Seite.

Damit Sie die Situation besser durchdenken können und vorbereitet sind auf möglicherweise irritierende Fragen, Verhaltensweisen und Reaktionen Ihrer neuen Mitarbeiter, finden Sie unten eine Liste typischer Fragen, die sich Mitarbeiter bei einem Führungswechsel häufig stellen und die ihre Befürchtungen widerspiegeln. Dabei werden die meisten Fragen nicht offen ausgesprochen, sondern im Stillen gestellt – die Antworten geben sich die Mitarbeiter oft selbst mit Hilfe der ersten Eindrücke, die sie von der Führungskraft gewinnen. Gehen Sie die Liste durch und versuchen Sie, Ihre Antworten auf diese Fragen zu formulieren. Möglicherweise können Sie Ihre Aussagen für eine kurze Rede bei einer der ersten Teambesprechungen nutzen. Wählen Sie dann einige der Punkte aus, die Ihnen im Hinblick auf Ihr Team am wichtigsten erscheinen.

Checkliste: Ungestellte Fragen Ihrer Mitarbeiter

- Wird der neue Vorgesetzte dem Führungsstil seines Vorgängers folgen?

- Will er grundlegende Arbeitsinhalte und -schwerpunkte, vertraute Verfahren, Prozesse oder Strukturen ändern?

- Wird er die Arbeitsverteilung oder gar die innere Rang- und Hackordnung verändern? Wird er einzelne Mitarbeiter bevorzugen oder benachteiligen?

- Hat er bereits zu Beginn seiner neuen Funktion einen geheimen Auftrag von der obersten Führungsetage erhalten?

- Ist er ein vorsichtiger Zauderer oder ein mutiger Reformer? Wird er gegenüber der obersten Führungsetage Rückgrat beweisen oder macht er sich zu deren stummen Diener?

- Wird er Bewährtes pflegen und sich trauen, positive Veränderungen durchzusetzen?

- Wird er nach dem Motto „Neue Besen kehren gut" versuchen, alles Mögliche gleichzeitig zu ändern?

- Will er uns bei wichtigen Entscheidungen beteiligen oder wird er über unsere Köpfe hinweg entscheiden, wie so viele andere Vorgesetzte?

- Wird er meinen Sachverstand und meine fachspezifischen Erfahrungen nutzen und zu Rate ziehen oder haben wir es mit einem notorischen Besserwisser zu tun?

Aktiv Wünsche und Befürchtungen abfragen

Als frisch angetretene Führungskraft sollten Sie Ihren Mitarbeitern diese Fragen am besten aktiv beantworten und nicht warten, bis sie wirklich gestellt werden.

Fragen Sie also Ihre Mitarbeiter auf einem ersten Teamworkshop oder während der ersten Einzelgespräche, was genau diese von Ihnen erwarten und was sie möglicherweise befürchten. Hilfreich sind dabei konstruktive und offene Fragen, wie in der folgenden Checkliste. Diese und ähnliche Fragen geben Ihnen Gelegenheit, die Wünsche und Befürchtungen Ihrer Mitarbeiter zu erfahren.

Checkliste: Ihre Fragen an Ihre Mitarbeiter

- Was glauben Sie, war das größte Verdienst oder die beste Eigenschaft meines Vorgängers?

- Was wünschen Sie sich von mir als Ihrem neuen Vorgesetzten?

- Was sollte ich auf jeden Fall tun und was tunlichst unterlassen?

- Worauf legen Sie bei der Zusammenarbeit in unserem Team besonders großen Wert?

- Was sollte unbedingt erhalten bleiben?

- Gibt es aus Ihrer Sicht Strukturen, Prozesse, Informationswege oder Kommunikationsformen in unserer Arbeitsgruppe, die wir gemeinsam ändern sollten?

- Gibt es irgendetwas, worauf Sie schon seit längerem hoffen oder warten?

- Es gibt Führungskräfte, die meinen, sie müssten alles auf den Kopf stellen, wenn sie eine neue Position einnehmen. Was glauben Sie könnte der größte spontane Fehler sein, den ich in der Zusammenarbeit mit Ihnen machen könnte?

Coaching für den neuen Job

Für Führungskräfte, die neue Herausforderungen stemmen wollen oder einen neuen Job übernommen haben, kann ein Coaching eine sehr hilfreiche Unterstützung sein, um die Arbeit besser und zugleich zufriedener zu bewältigen.

Wann ein Coaching hilfreich ist

Die Anlässe, einen Coach zu beauftragen, sind vielfältig. Ihnen allen ist gemeinsam, dass es dem Unternehmen sinnvoll erscheint, einem Mitarbeiter oder einer Führungskraft diese individuelle Beratung zu Gute kommen zu lassen.

Zu den häufigen Fragestellungen, bei denen Coaching eingesetzt wird, gehören z. B.:

- Welche Erwartungen stellen die oberen Hierarchie-Ebenen an die neu eingesetzte Führungskraft und wie kann diese damit umgehen?

- Wie kann es gelingen, die Sachlage genau einzuschätzen und zu analysieren, um überfällige Entscheidungen zu treffen?

- Wie entwickelt eine neue Führungskraft das notwendige Selbstverständnis, um die neuen Aufgaben souverän zu meistern?

Ein Coach unterstützt und berät Führungskräfte und Mitarbeiter über einen begrenzten Zeitraum hin mit dem Ziel, eine größere persönlicher Zufriedenheit und Effizienz in der Arbeit zu erreichen.

Leitfaden: Wie ein Coaching abläuft

1 Beim ersten Treffen werden die Rahmenbedingungen geklärt. Dazu gehören etwa das Thema Vertrag (falls das nicht das Unternehmen bereits geklärt hat) oder die Frage, ob der Coachee sich selbst um das Coaching bemüht hat oder dies sein Unternehmen getan hat.

2 Der zweite Schritt besteht darin, Ziele für das Coaching festzulegen. Die möglichen Zielbereiche des Coachings sind sehr vielfältig: Es kann darum gehen,

   – die eigenen Talente und Potentiale erkennen,

   – sich auf neue Aufgabengebiete professionell vorzubereiten,

   – die Führungskompetenzen zu erweitern,

   – Strategien zu entwickeln,

   – Effizienz und Leistungsvermögen zu steigern oder auch

   – Klarheit über die eigenen Ziele und Prioritäten zu gewinnen.

   Die genauen Ziele werden schließlich schriftlich fixiert.

3 Im dritten Schritt wird die Situation des Coachees analysiert und damit ein Ist-Profil erstellt, das mit den Zielen abgeglichen werden kann. So erkennen Coach und Coachee die Unterschiede zwischen Ist und Soll. Der Coach schlägt nun auf dieser Basis individuelle Maßnahmen vor.

4 Es folgt die Durchführung der individuellen Maßnahmen.

5 Schließlich ziehen Coach und Coachee eine Bilanz und überprüfen den Erfolg der Maßnahmen.

Wie die Ziele formuliert werden

Die genauen Ziele werden nach Wissens-, Verhaltens- und Einstellungsaspekten unterschieden und folgendermaßen formuliert:

- Wissens-Aspekte: Am Ende des Coaching weiß ich genau ...
- Verhaltens-Aspekte: Am Ende des Coachings bin in der Lage ...
- Einstellungs-Aspekte: Am Ende des Coachings habe ich meine Einstellungen gegenüber ... so verändert, dass ich in der Lage bin ...

Die Ziele formulieren Coach und Coachee gemeinsam.

Den richtigen Coach finden

Zunächst stellt sich die Frage, wie Sie an Adressen von Coaches kommen. Eine Möglichkeit besteht darin, in der Personal- oder Personalentwicklungsabteilung nach geeigneten und bewährten Coaches zu fragen. Stellen Sie aber im Vorfeld einer solchen Anfrage sicher, dass es in Ihrem Unternehmen nicht negativ gewertet wird, sondern als professioneller Weg zur eigenen Effizienzsteigerung gesehen wird, wenn Sie externe Beratung in Anspruch nehmen.

Und selbstverständlich haben Sie die Möglichkeit, nach Coaches im Internet zu recherchieren. Achten Sie hier auf Referenzen und Berufserfahrung des Coaches, z. B. ob der Coach selbst Erfahrungen als Führungskraft hat. Ein hilfreiches Suchportal finden Sie unter www.coach-datenbank.de. Die hier vorgestellten Coaches lassen sich nach Themen und Regionen ausfindig machen und sind bezüglich Ihrer Qualifikation geprüft.

Die folgende Checkliste zeigt Ihnen, wie Sie vorgehen und worauf Sie achten sollten, um den richtigen Coach zu finden. Die von Ihnen favorisierte Fachkraft sollte möglichst viele der im Folgenden genannten Faktoren erfüllen.

Checkliste: Den richtigen Coach finden

- Achten sie auf die gesamte Person, das Auftreten, die Unterlagen, die Homepage – wirkt das alles stimmig und professionell auf Sie?

- Welche Ausbildung kann der Coach nachweisen?

- Welche fachliche Kompetenz bringt der Coach mit?

- Über welche Berufserfahrungen verfügt er?

- Welche Weiterbildungen und Zusatzqualifikationen liegen vor?
  (vor allem in den Bereichen Coaching, Supervision, Mediation, (systemischer) Organisationsberatung)

- War der Coach selbst als Führungskraft tätig?
  Dies ist vor allem beim Coaching von Führungskräften wichtig.

- Welche Referenzen kann der Coach vorlegen?
  Achtung: Ein Coach, der seine Coachees namentlich nennt, ist mit Vorsicht zu genießen ist. Referenzen sollten über Auftraggeber erfolgen nicht über beratene Personen.

- Welche Spezialisierung kann der Coach vorweisen?
  Kein Coach ist für jeden Anlass geeignet. Die meisten
  Coachs haben sich auf bestimmte Probleme bzw. Anwen-
  dungsbereiche spezialisiert. Klären Sie deshalb, ob diese
  Bereiche mit denen übereinstimmen, in denen Sie Hilfe
  suchen. Und klären Sie, ob der Coach entsprechende Erfahrungen vorweisen kann.

- Arbeitet der Coach lösungsorientiert?
  Professionelle Coachs haben spezifische Kenntnisse der
  Prozesse und Strukturen von Führungsebenen. Sie denken, argumentieren und arbeiten ziel- und lösungsorientiert.

- Führen Sie ein Vorgespräch!
  Die Kosten werden häufig auf das Coaching angerechnet
  oder das Vorgespräch ist kostenlos. Lassen Sie sich hierbei
  die Vorgehensweise des Coachs erläutern.

- Stimmt die Chemie zwischen Ihnen?
  Wenn Sie erste Gespräche führen, achten Sie auf das persönliche Verhältnis zwischen Ihnen und dem Coach. Im
  späteren Coaching kann es sein, dass auch persönliche
  Themen zur Sprache kommen. Dann ist eine gute Beziehung eine wichtige Voraussetzung für den Erfolg.

- Hat der Coach jemals einen Coaching-Auftrag abgelehnt?
  Gute Coaches kennen ihre Grenzen und empfehlen einen
  Kollegen, wenn sie einen Auftrag nicht bearbeiten können – und sie lehnen Aufträge ab, die sie nicht erfüllen
  können.

- Vertrauen Sie Ihrem Gefühl (aber nicht ausschließlich). Engagieren Sie keinen Coach, wenn Sie ihn nicht mögen oder die Beziehung nicht stimmt.

- Ist das Coaching frei von Glaubensrichtungen oder Ideologien?
  Lassen Sie sich schriftlich bestätigen, dass sich das Coaching nicht an gewissen Glaubensrichtungen oder Ideologien orientiert. Entsprechende Warnhinweise und Vertragsformulare sind beziehbar über die Sektenbeauftragten in den Bundesländern.

- Nutzt der Coach selbst Supervision?
  Professionelle Coachs haben selbst einen Supervisor, um problematische und schwierige Fälle aufzuarbeiten und sich vor blinden Flecken zu schützen.

- Lassen Sie sich die Methoden des Coachs erläutern!
  Überprüfen Sie, wie sehr es sich dabei um manipulative Techniken handelt. Seriöse Coachs arbeiten prinzipiell transparent und fördern das Bewusstsein und die Verantwortung ihrer Klienten.

- Ein guter Coach empfiehlt bei Bedarf weitere Schritte der Beratung.
  Er wird seinen Coachee aber nie an Organisationen verweisen, die ideologische Ansprüche erheben oder generell wertende Aussagen bzw. Schriften ideologischer Art verbreiten (Sekten etc.).

- Redliche Coaches werden hin und wieder ihre persönliche Meinung äußern.

  Aber sie werden nicht werten, sie sagen nicht: „Das war schlecht!" oder „Das war gut!". Ein guter Coach stellt gute Fragen, wie: „Glauben Sie, dass Sie mit dieser Methode erfolgreich sind?"oder „Woran machen Sie diesen Erfolg fest?"

- Schließen Sie zu Beginn einen Vertrag über etwa 10 Coaching-Sitzungen ab.

  Bis dahin sollte ein erstes Ziel für den Beratungsprozess gesetzt (und möglichst erreicht) sein. Anschließend sollte entschieden werden, ob und wie es weiter geht.

Verzeichnis der Checklisten, Leitfäden und Tests

Neu auf dem Chefsessel

Bibliografische Information der Deutschen Nationalbibliothek
Die Deutsche Nationalbibliothek verzeichnet diese Publikation in der Deutschen Natio-
nalbibliografie; detaillierte bibliografische Daten sind im Internet über
http://dnb.d-nb.de abrufbar.

ISBN 978-3-448-09302-5
Bestell-Nr. 01302-0001

© 2010, Haufe-Lexware GmbH & Co. KG, Munzinger Straße 9, 79111 Freiburg
Redaktionsanschrift: Fraunhoferstraße 5, 82152 Planegg
Fon (0 89) 8 95 17-0, Fax (0 89) 8 95 17-2 50
E-Mail: online@haufe.de
Internet: www.haufe.de
Redaktion: Jürgen Fischer
Redaktionsassistenz: Christine Rüber

Alle Rechte, auch die des auszugsweisen Nachdrucks, der fotomechanischen Wiederga-
be (einschließlich Mikrokopie) sowie der Auswertung durch Datenbanken oder ähnliche
Einrichtungen vorbehalten.

Konzeption und Realisation: Sylvia Rein, 81371 München
Lektorat: Ulrich Leinz, 10829 Berlin; Sylvia Rein, 81371 München
Umschlaggestaltung: Kienle gestaltet, 70178 Stuttgart
Umschlagentwurf: Agentur Buttgereit & Heidenreich, 45721 Haltern am See
Druck: freiburger graphische betriebe, 79108 Freiburg

Der Autor

Dr. Reinhold Haller

Studium der Erziehungswissenschaft und Psychologie. Fortbildungsreferent an der medizinischen Fakultät der Freien Universität Berlin und der Humboldt-Universität (Berlin). Später Leiter Personalentwicklung am Deutschen Zentrum für Luft- und Raumfahrt (DLR). Seit 2000 freiberuflicher Berater, Management-Trainer und Coach.

Website: www.rh-hr.de

Weitere Literatur

„Praxishandbuch Mitarbeiterführung. Führungstechniken konkret dargestellt", von Michael Lorenz und Uta Rohrschneider, 220 Seiten, mit CD-ROM, € 34,80.
ISBN 978-3-448-09075-8, Bestell-Nr. 04050

„Umgang mit schwierigen Mitarbeitern. Konkrete Fälle mit Handlungsanleitungen. Mit Führungsinstrumenten und Gesprächsleitfäden", von Daniela Turck und Dr. Oliver Vollstädt, 211 Seiten, mit CD-ROM, € 39,80.
ISBN 978-3-448-09770-2, Bestell-Nr. 04257

Was Rallyefahren und Business gemeinsam haben

Jutta Kleinschmidt hat als erste Frau die
Rallye Dakar gewonnen. Sie ist heute
erfolgreiche Management-Trainerin.
Lesen Sie hier alles über ihre Erlebnisse
auf der Dakar und was sie zu Träumen
und Visionen, Rückschlägen und Sieges-
willen zu sagen hat.

€ 19,80 [D]
ca. 220 Seiten
ISBN 978-3-648-00300-8
Bestell-Nr. E00283

Jetzt bestellen! www.haufe.de/bestellung
oder in Ihrer Buchhandlung

Tel. 0180-50 50 440; 0,14 €/Min. aus dem deutschen Festnetz;
max. 0,42 €/Min. mobil. Ein Service von dtms.

HAUFE.

TaschenGuides – Qualität entscheidet

Bereits erschienen:

■ Der Betrieb in Zahlen

- 400 € Mini-Jobs
- Balanced Scorecard
- Betriebswirtschaftliche Formeln
- Bilanzen
- BilMoG
- Buchführung
- Businessplan
- BWL Grundwissen
- BWL kompakt – die 100 wichtigsten Fakten
- Controllinginstrumente
- Deckungsbeitragsrechnung
- Einnahmen-Überschussrechnung
- Finanz- und Liquiditätsplanung
- Formelsammlung Betriebswirtschaft
- Formelsammlung Wirtschaftsmathematik
- Die GmbH
- IFRS
- Kaufmännisches Rechnen
- Kennzahlen
- Kontieren und buchen
- Kostenrechnung
- VWL Grundwissen

■ Mitarbeiter führen

- Besprechungen
- Checkbuch für Führungskräfte
- Führungstechniken
- Die häufigsten Managementfehler
- Management
- Managementbegriffe
- Mitarbeitergespräche
- Moderation
- Motivation
- Projektmanagement
- Spiele für Workshops und Seminare
- Teams führen
- Workshops
- Zielvereinbarungen und Jahresgespräche

■ Karriere

- Assessment Center
- Existenzgründung
- Gründungszuschuss
- Jobsuche und Bewerbung
- Vorstellungsgespräche

■ Geld und Specials

- Sichere Altersvorsorge
- Energie sparen
- Energieausweis
- Geldanlage von A–Z
- IGeL – Medizinische Zusatzleistungen
- Immobilien erwerben
- Immobilienfinanzierung
- Meine Ansprüche als Rentner
- Die neue Rechtschreibung
- Eher in Rente
- Web 2.0
- Zitate für Beruf und Karriere
- Zitate für besondere Anlässe

■ Persönliche Fähigkeiten

- Allgemeinwissen Schnelltest
- Ihre Ausstrahlung
- Burnout
- Business-Knigge – die 100 wichtigsten Benimmregeln
- Mit Druck richtig umgehen
- Emotionale Intelligenz
- Entscheidungen treffen
- Gedächtnistraining
- Gelassenheit lernen
- Glück!
- IQ – Tests
- Knigge für Beruf und Karriere
- Knigge fürs Ausland
- Kreativitätstechniken
- Manipulationstechniken
- Mathematische Rätsel
- Mind Mapping
- NLP
- Optimistisch denken
- Peinliche Situationen meistern